中小学智能创客教育丛书

DIANZI WANJU
SHEJI YU ZHIZUO

电子玩具
设计与制作

中小学智能创客课程编写组　编

SPM 南方出版传媒

全国优秀出版社　全国百佳图书出版单位　广东教育出版社

·广州·

图书在版编目（CIP）数据

电子玩具设计与制作/中小学智能创客课程编写组编．—广州：广东教育出版社，2017.9

（中小学智能创客教育丛书）

ISBN 978-7-5548-1859-6

Ⅰ．①电… Ⅱ．①中… Ⅲ．①电子玩具—设计—青少年读物 ②电子玩具—制作—青少年读物 Ⅳ．①TS958.2-49

中国版本图书馆CIP数据核字（2017）第179748号

责任编辑：李敏怡 熊力闻
责任技编：佟长缨 刘莉敏
装帧设计：陈国梁

丛书编委

黄国洪 孙仲廉 万亚军
谭晓琳 沈春华 伍学龄
漆 俊 陈志豪 沈小锋

广东教育出版社出版发行
（广州市环市东路472号12-15楼）
邮政编码：510075
网址：http://www.gjs.cn
广东新华发行集团股份有限公司经销
佛山市浩文彩色印刷有限公司印刷
（佛山市南海区狮山科技工业园A区）
787毫米×1092毫米 16开本 11印张 220 000字
2017年9月第1版 2017年9月第1次印刷
ISBN 978-7-5548-1859-6
定价：44.00元

质量监督电话：020-87613102 邮箱：gjs-quality@gdpg.com.cn
购书咨询电话：020-87772438

前　言

21世纪，移动互联网、大数据、传感网、人工智能等新理论、新技术正快速发展，加快了全球范围内的知识更新和技术创新，催生了现实世界与数字世界并存的信息社会。创客教育旨在培养学生连通现实世界与数字世界的能力，使学生从知识的消费者转变为创造者，并已经成为一股席卷全球的教育变革浪潮。

创客教育的目标是让学生在人文情怀的涵养下，树立创新意识（解决"为何创新"的问题），培养创新思维（解决"如何创新"的问题），习得创新技能（解决"创新实践"的问题）。因此，创客教育活动的课程设计、教学设计和评价设计理应符合创客教育的目标要求，并在课程实施活动中逐一加以落实。

本书以"电子玩具设计与制作"为主题，选取了"昆虫世界""智能小车""舞动的皮影""互动玩具"等儿童电子玩具项目设计，让学生掌握用Arduino设备做电子玩具的方法，体验创客教育活动的快乐。

学生围绕"项目目标→项目范例→项目选题→项目规划→方案交流→探究活动→项目实施→成果交流→活动评价"的项目学习主线开展学习活动，理解本书的硬件、程序、控制器、传感器、执行器等基本概念，掌握创意设计、方案设计、图形化编程等基本方法，开展连接组件、运行测试、作品美化等基本实践活动，从而将知识建构、技能培养与思维发展融入运用数字化工具解决问题和完成任务的过程中，促进创新能力的养成。

此外，本书提供网络学习平台（http://maker.nfcclass.com）和一套实验工具，为学生搭建了线上学习的空间和线下实践的环境，让学生对学习生活中的问题进行自主、协作、探究学习。

本书由黄国洪主编，孙仲廉、陈志豪、卢国钧、胡莉华、赖志标、陈志、刘文东参加了编写工作和网络课程制作，黄国洪负责全书的统稿和网络课程设计。

编　者

目 录

第1课　创客进行时 …………………………………………… 1

第2课　创意灯会 ……………………………………………… 16

第3课　创意电子琴 …………………………………………… 39

第4课　昆虫世界 ……………………………………………… 61

第5课　智能小车 ……………………………………………… 82

第6课　舞动的皮影 …………………………………………… 105

第7课　互动玩具 ……………………………………………… 132

第8课　智能互动模型 ………………………………………… 153

第1课　创客进行时

"创客"一词来源于英文单词"Maker",创客们根据自己的兴趣与爱好,努力把各种创意转变为现实。技术的进步、社会的发展,推动着科技创新模式的变革。当信息技术融入创客,其作品越来越智能化,让我们的生活更加丰富多彩。创客们热衷于创想、设计、制造,期望为自己也为人们创建更美好的生活。他们拥有开放与包容的精神,体现在行动上就是乐于分享。这是一种良好的品格和习惯,没有分享,就没有人类社会的进步。同时,分享必须建立在尊重首创精神的坚实基础上,以保护首创者的利益和积极性。

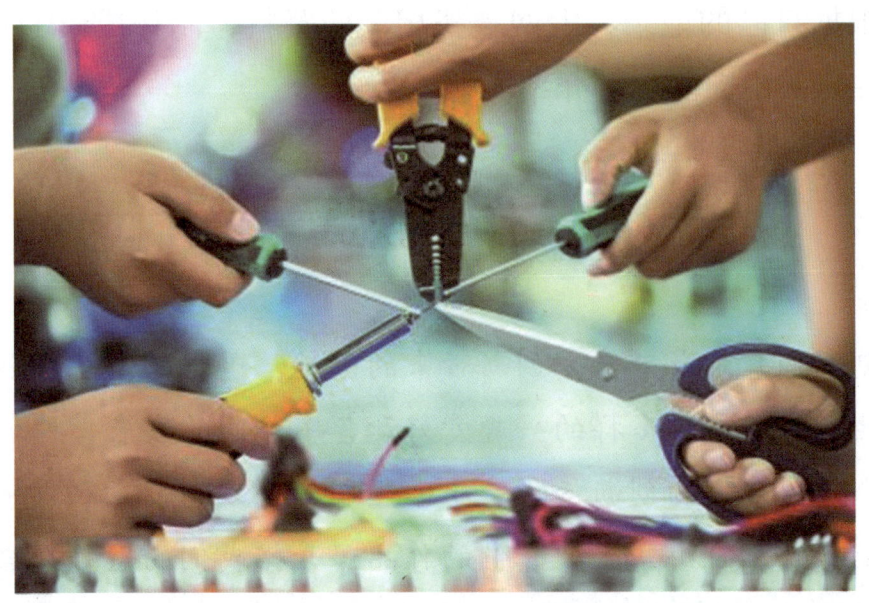

图1-1　创造作品的工具

本节课通过开展"创客进行时"项目学习活动。让我们自主查找创客相关资料，了解创客的理念；欣赏不同种类的创客作品，结合实际提出自己的改进意见；初步了解创客作品的制作过程，为日后的创造积累必要的知识；发现生活中的问题并记录下来，留下创想的点子。

了解创客

"创客"是一个新兴的名字，你想了解它的哪些方面呢？把你想了解的问题记录下来。

问题一：_____

问题二：_____

问题三：_____

问题四：_____

问题五：_____

根据自己的记录，上网查找相关的资料，制作成PPT或写成报告，在班级中向同学们介绍。

作品欣赏

创客们喜欢或者享受创新带来的乐趣，追求的是自身创意的实现。他们有着多种多样的兴趣爱好和各不相同的特长，他们聚到一起就会爆发巨大的创新活力。小学生也有许多的创意和点子，下面让我们欣赏来自小学生创客们的作品，开拓我们的思维，启发创意的点子。

1. 围棋分拣机

围棋是一项非常有趣的智力运动，但是下完棋后要数棋和分类收拾就不那么有趣了。在看了一个分类七彩糖豆的视频后，小创客就有了做围棋分拣机（如图1-2所示）的想法。围棋只有黑白两色，所以用十分便宜的红外数字避障传感器就能实现核心检测功能。这个机器能帮助我们在愉快地下棋后，轻松获知各自的棋子数量，还可以收拾整理，真是一举多得呢！

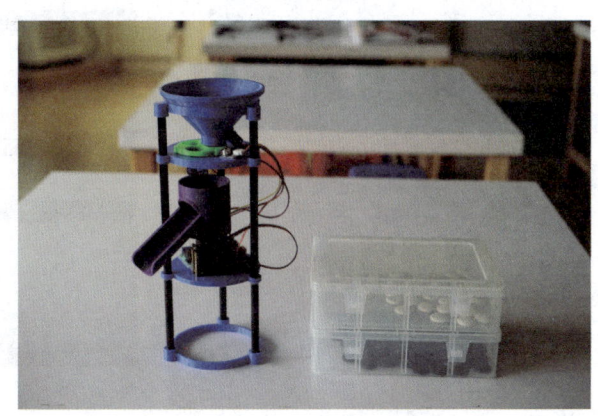

图1-2 围棋分拣机

2. 会"说话"的植物

植物不能表达自己的感受，我们从外观也很难看出泥土的湿润程度。所以小创客制作了这个作品（如图1-3所示），为植物增加了智慧说话的能力，让植物也能"说"出自己的感受。当有人经过的时候，植物就会根据泥土的湿润度提醒人们浇水，使为植物浇水的人获得更多的乐趣。当超声波传感器检测到有人在1米范围内时，如果泥土湿度不够，植物就会说"口渴了"，否则就说"太舒服了"。

图1-3 会"说话"的植物

3. 写字姿势检测仪

大家都知道正确的写字姿势是头正、腰直、腿平放，手指离笔尖一寸高。但是很多同学写着写着，头就低下去了。为这事家长和老师费了不少心思。家长在家里可以监

图1-4 写字姿势检测仪

督，但是学校里人数众多，老师无法照顾到每个学生，如果有个可以自动提醒的设备就好了！于是，利用倾角传感器制成的写字姿势检测仪（如图1-4所示）诞生了。把它夹在头顶，当我们的姿势正确时，绿灯亮；当我们的头向前倾或向左右两边倾时，红灯亮，并发出响声提醒。因为是戴在头上的东西，所以我们使用黏土制作了一个可爱的造型，戴在头上也挺有趣的。

4. 声控爱心轮椅

现实生活中，我们常常可以见到行动不便的人士坐在传统的轮椅上，用双手不停地转动轮子，才可以使轮椅前进、后退或转弯。这需要花很大的力气，使用起来非常不便，而且手部不便的人也无法使用这种传统轮椅。于是，小创客就想发明一种能够"听话"的新型轮椅（如图1-5所示）。它能"听懂"人的指令，实现前进、停止、后退、左转、右转等功能，当需要休息时，靠背可以自动调节，变为躺椅供使用者休息。

图1-5 声控爱心轮椅

5. 会"唱歌"的生日蛋糕

过生日时,唱生日歌、吹蜡烛是小朋友最开心的事情了。在过生日的时候,小朋友经常把生日歌唱了又唱,蜡烛吹了又吹。小创客在学校的创客兴趣小组中学到了很多创意编程知识,于是想到用所学的知识制作一个智能生日蛋糕(如图1-6所示),这样就可以随时随地享受唱生日歌、吹蜡烛的乐趣了。

图1-6 会"唱歌"的生日蛋糕

以上5个作品,请在表1-1中根据喜欢程度给星星涂色。最喜欢的是哪个作品呢?为什么?

表1-1 我对作品的喜欢程度

编号	作品	喜欢程度
1	围棋分拣机	☆☆☆☆☆
2	会"说话"的植物	☆☆☆☆☆
3	写字姿势检测仪	☆☆☆☆☆
4	声控爱心轮椅	☆☆☆☆☆
5	会"唱歌"的生日蛋糕	☆☆☆☆☆

最喜欢的作品是_____
原因是_____

从以上5个作品中，选择1个，提出改进建议。

_____

_____

_____

生活中的"火花"（创意）

生活中总是存在不同的问题，细心观察有哪些地方可以改进的，把它们记录在表1-2中，说不定这就是日后我们创作作品的点子来源。

表1-2 生活中的"火花"

编号	生活中的问题	假设的解决方案
1	植物不会说话，有时候忘记浇水就会干死。	当泥土干的时候会自动"告诉"我们。
2		
3		
4		
5		
6		

创客工具

完成一个有创意的作品,需要使用各种形式的工具和材料。下面让我们一起来认识创客们常用的"宝贝"吧!

1. 开源电子套件

Arduino是一个便捷灵活、方便上手的开源电子原型平台,包含硬件(各种型号的Arduino板)和软件(Arduino IDE)。下面将使用Arduino UNO控制板(如图1-7所示)、扩展板及各种传感器来制作作品。

通过如图1-8所示的数据连接线把Arduino UNO控制板与计算机连接后,查看"计算机"的"设备管理器",可以发现"端口"中多了一项Arduino UNO(COM4),如图1-9所示,这说明控制板连接正常,可以使用。

Arduino能利用各种各样的传感器(如图1-10所示)来感知环境,通过控制灯光、马达和其他的装置来反馈、影响环境。在以后的学习中,我们能具体了解到它们的功能和使用方法。

图1-7 Arduino UNO控制板

图1-8 数据连接线

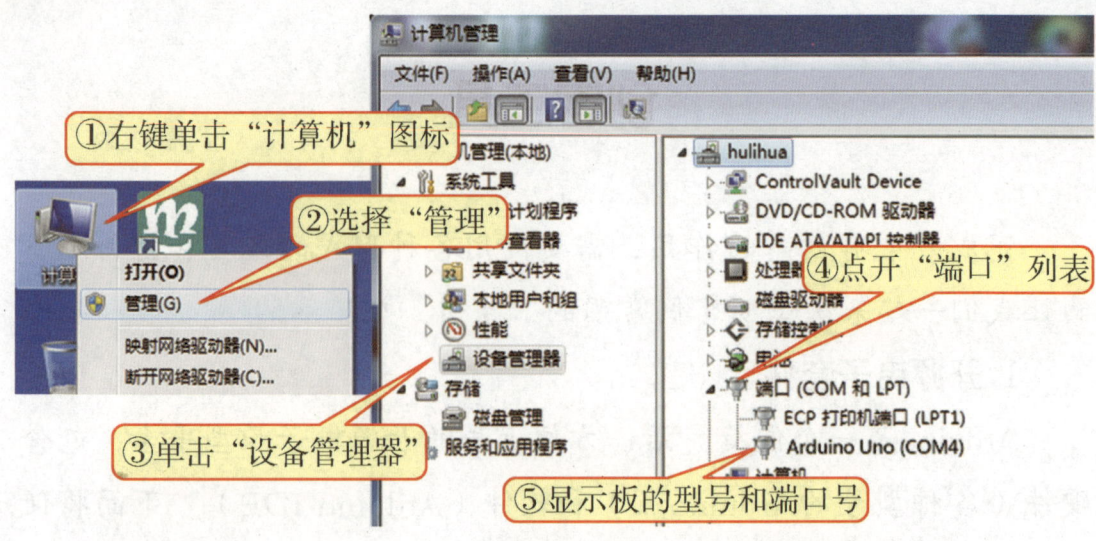

图1-9　查看计算机与硬件连接情况

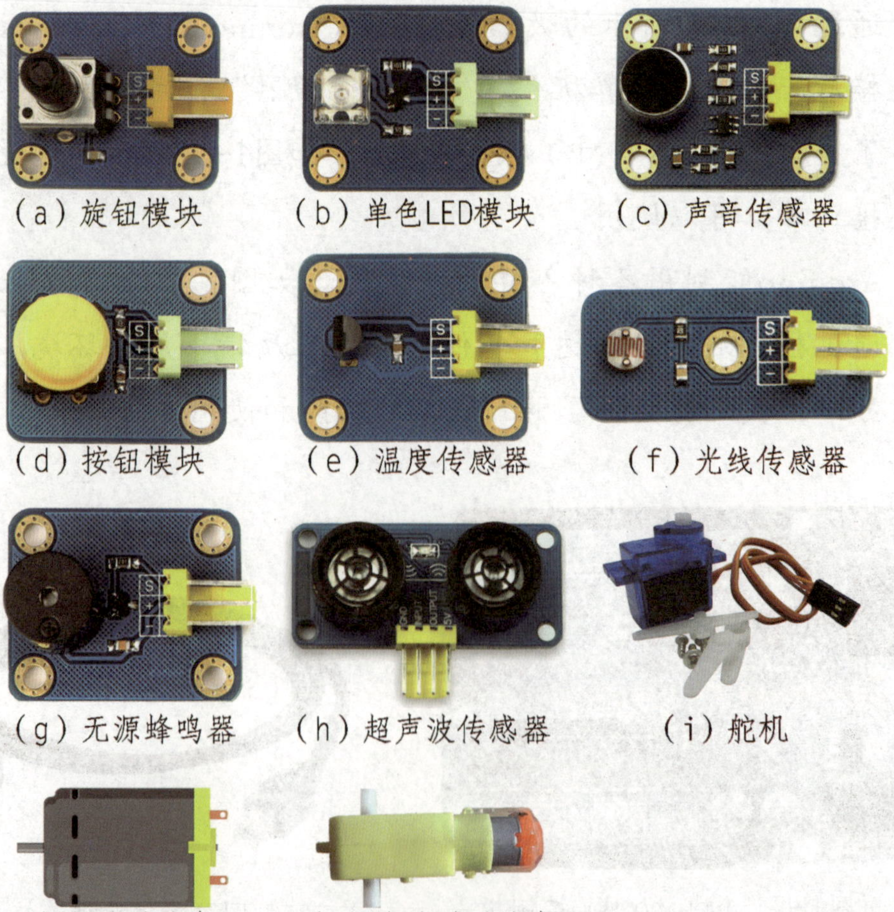

（a）旋钮模块　　（b）单色LED模块　　（c）声音传感器

（d）按钮模块　　（e）温度传感器　　（f）光线传感器

（g）无源蜂鸣器　　（h）超声波传感器　　（i）舵机

（j）直流电机　　（k）直流减速电机

图1-10　不同类型的传感器

2. 编程工具Mixly

我们所用的编程软件为米思齐（Mixly），是专门面向中小学创客教育（创意电子领域）开发的开源图形化编程软件。它用直观的图形化积木块堆叠方式替代了复杂的文本编辑，并具有入门简单、使用方便、功能强大、应用广泛、易于扩展的优点。

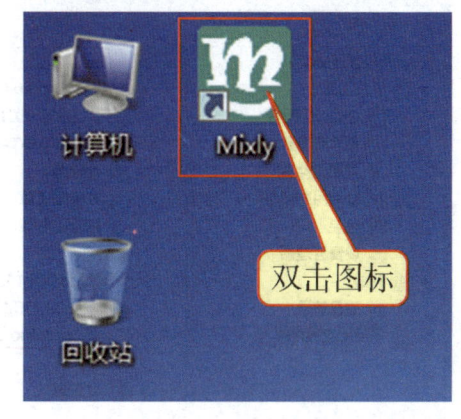

图1-11 Mixly软件图标

双击桌面的Mixly图标，如图1-11所示，启动软件。Mixly软件界面如图1-12所示。为了保证程序能够顺利上传到Arduino UNO控制板里，启动Mixly后，首先要设置控制板的型号和端口号，令其与设备管理器中显示的设置一致。如果不一致，可以单击倒三角符号进行选择，如图1-13所示。

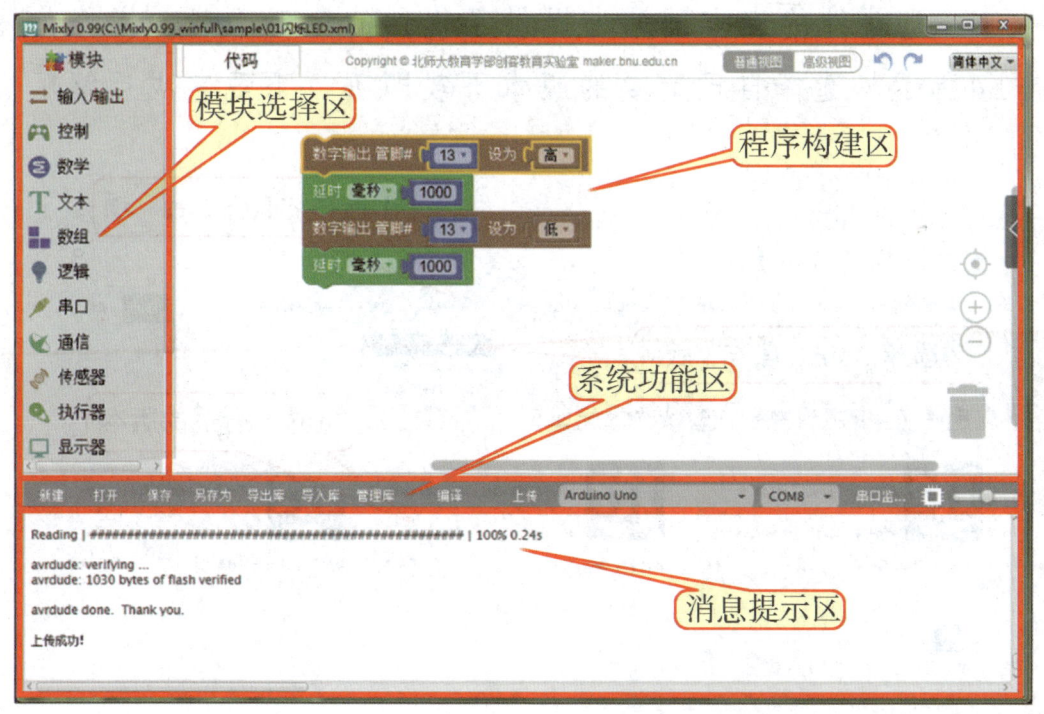

图1-12 Mixly软件界面

电子玩具设计与制作

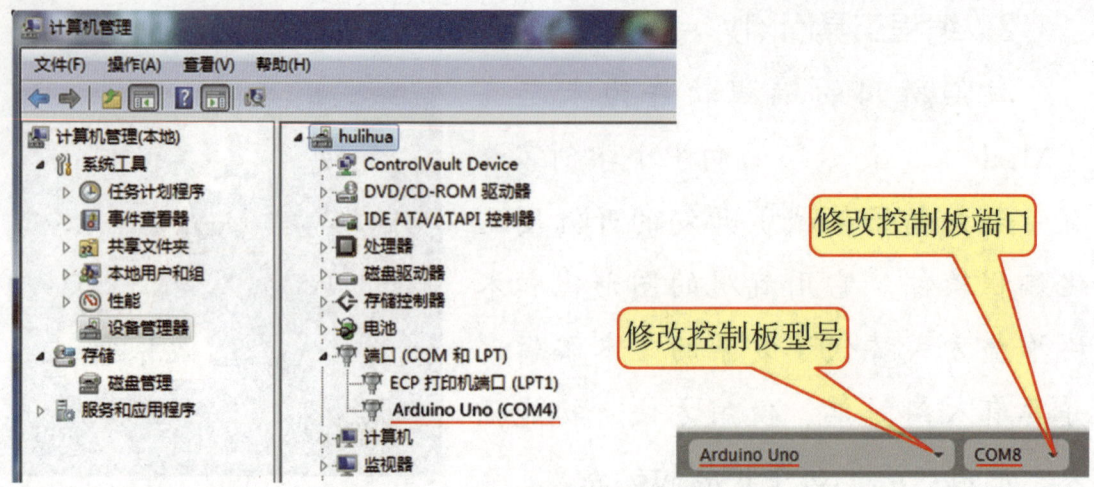

图1-13 设置Mixly软件与Arduino UNO控制板的通信配置

望远镜

Mixly的下载与安装

Mixly软件的官方网站上提供了软件的免费下载，操作如图1-14所示。选择自己需要的版本下载即可，下载完成后解压文

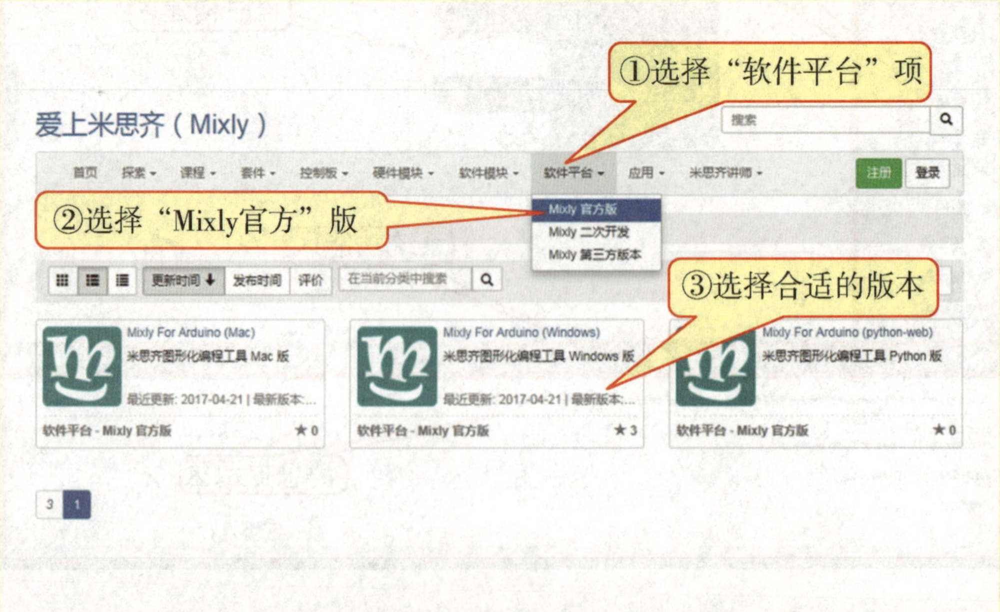

图1-14 Mixly的下载与安装

件包。

进入解压后的文件夹，双击"Mixly.exe"就可以直接运行软件了，如图1-15所示。建议将快捷方式发送到桌面文件或锁定到任务栏以方便以后使用。

图1-15 运行Mixly软件

3.材料及工具

制作作品外形时，可能需要使用不同的材料和工具。下面介绍一些常见的材料和工具。

（1）材料。

材料的来源非常丰富，见到的、想到的几乎都能成为我们制作作品的材料，如图1-16和图1-17所示。

（a）塑料瓶子

（b）吸管

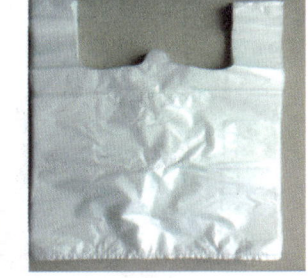
（c）胶袋

图1-16 常见的制作材料一

（a）卡纸

（b）橡皮泥

（c）纸盒

图1-17 常见的制作材料二

（2）加工工具。

常用的加工工具有剪刀、美工刀等，如图1-18所示。此外还有一些新兴的设备，这些设备可以让我们更便利地创造，制作的作品质量更好、更美观。

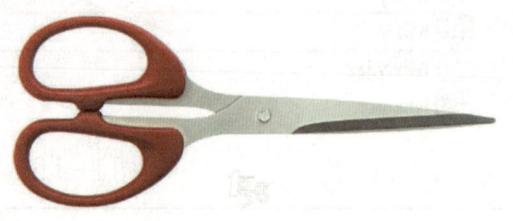

图1-18 常用的加工工具剪刀

3D打印机（如图1-19所示）是由发明家恩里科·迪尼（Enrico Dini）设计的一种神奇的打印机。3D打印机内装有的金属、陶瓷、塑料、砂等不同的打印材料，是实实在在的原材料，打印机与计算机连接后，通过计算机控制可以把打印材料一层层叠加起来，最终把计算机上的模型变成实物。通俗地说，3D打印机是可以打印出真实三维物体的一种设备，比如打印一个机器人、一辆玩具车、一座建筑模型等，甚

图1-19 3D打印机

至连食物也可以打印出来。只要学会在计算机中绘制立体模型,它就可以打印出我们所需要的物品形状。

激光切割机利用了激光束照射到材料表面,随着光束的移动形成切缝来达到切割或雕刻的目的,如图1-20所示。

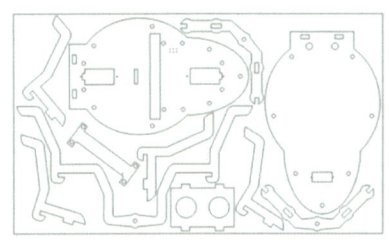
（a）图纸

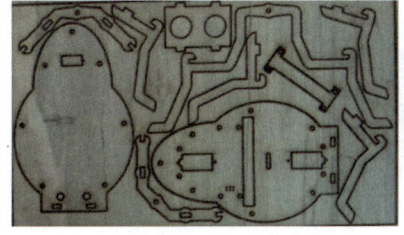
（b）激光切割后的材料

（c）组合作品

图1-20　利用激光切割技术制作作品

（3）黏合工具。

在作品制作的过程中,必不可缺的就是黏合工具,它能将分离的材料连接在一起形成一个新的整体,是重要的辅助材料之一。黏合工具的种类很多,像我们常用的胶水、双面胶、透明胶等；也有非常规的黏合工具,如回形针、扎带、橡皮筋、螺丝等；还有我们不常用到的热熔胶、白乳胶、玻璃胶等,这些材料能使不同部件黏合得更牢固。

> 从提出创意到实现创意是一个质的飞跃,每一个飞跃都不容易,都有失败的危险。但是,这个过程是非常有趣的,因为可能会制作出一个想法以外更具创意的作品。让我们一起走进有趣的创客世界吧！

电子玩具设计与制作

活动评价

请各小组根据本组的活动情况，对自己的学习活动进行评价和总结，并填写表1-3和表1-4。

表1-3 项目学习自我评价表

编号	内　容	掌握程度
1	我能分析创客项目的优劣	☆☆☆☆☆
2	我能和小组其他成员合理分工	☆☆☆☆☆
3	我能运用合理的方法解决问题	☆☆☆☆☆
4	我能和小组其他成员合作完成作品	☆☆☆☆☆
5	我能将自己的报告与其他同学分享	☆☆☆☆☆
6	我能准确地介绍作品的功能和特点	☆☆☆☆☆

表1-4 项目学习自我总结表

项目主题					
学生姓名		学号		日期	
小组成员					
自我总结					

在该项目中我所完成的任务是＿＿＿＿＿＿＿＿＿＿＿＿＿＿＿＿＿＿＿＿＿

该项目所涉及的学习领域有＿＿＿＿＿＿＿＿＿＿＿＿＿＿＿＿＿＿＿＿＿

项目实施过程中我遇到的困难有＿＿＿＿＿＿＿＿＿＿＿＿＿＿＿＿＿＿＿

＿＿＿＿＿＿＿＿＿＿＿＿＿＿＿＿＿＿＿＿＿＿＿＿＿＿＿＿＿＿＿＿＿＿

我克服困难的方法是＿＿＿＿＿＿＿＿＿＿＿＿＿＿＿＿＿＿＿＿＿＿＿＿＿

＿＿＿＿＿＿＿＿＿＿＿＿＿＿＿＿＿＿＿＿＿＿＿＿＿＿＿＿＿＿＿＿＿＿

关于整体分工和合作情况，其他小组值得我们学习的是＿＿＿＿＿＿＿＿＿

＿＿＿＿＿＿＿＿＿＿＿＿＿＿＿＿＿＿＿＿＿＿＿＿＿＿＿＿＿＿＿＿＿＿

＿＿＿＿＿＿＿＿＿＿＿＿＿＿＿＿＿＿＿＿＿＿＿＿＿＿＿＿＿＿＿＿＿＿

关于项目学习的成果汇报，其他小组值得我们借鉴的是＿＿＿＿＿＿＿＿＿

＿＿＿＿＿＿＿＿＿＿＿＿＿＿＿＿＿＿＿＿＿＿＿＿＿＿＿＿＿＿＿＿＿＿

通过该项目学习，我的收获是＿＿＿＿＿＿＿＿＿＿＿＿＿＿＿＿＿＿＿＿＿

＿＿＿＿＿＿＿＿＿＿＿＿＿＿＿＿＿＿＿＿＿＿＿＿＿＿＿＿＿＿＿＿＿＿

通过该项目学习，我知道自己的优势在于＿＿＿＿＿＿＿＿＿＿＿＿＿＿＿

＿＿＿＿＿＿＿＿＿＿＿＿＿＿＿＿＿＿＿＿＿＿＿＿＿＿＿＿＿＿＿＿＿＿

我还需要继续努力的方面有＿＿＿＿＿＿＿＿＿＿＿＿＿＿＿＿＿＿＿＿＿

第2课 创意灯会

三千多年前,人类开始使用简单的灯具承载火烛。从粗糙的石灯到青铜灯,从陶瓷灯到现代的电灯,灯具的历史变迁刻上了深刻的时代烙印。

（a）油灯　　　　（b）装饰灯　　　（c）交通灯

图2-1　各种各样的灯

随着信息技术的不断发展,智能灯出现了。智能灯不同于传统灯具,是智能设备的一种,除了具有传统的功能外,还加入了智能控制设备。智能灯的控制设备具备计算能力和网络连接能力,通过应用程序,功能可以不断扩展。智能灯的核心功能是运用控制器控制灯光的不同效果,甚至与音乐互动,使智能灯适用于不同场景。

本节课通过开展"创意灯会"项目学习活动,了解智能灯的概念和基本原理,学习运用开源电子设备控制灯光的方法;通过调查了解当前智能灯的产业概况,分析当前智能灯设备的优势与不足,从而发现问题,提出自己的智能灯设计方案。

在实际项目进行的过程中,学会运用观察、比较、分析、综合、抽象、概括、判断、推理等思维方法,描述项目、设计方案、讨论交流、探究学习，从而完成项目作品的制作，并进行评价与分享，形成良好的学习和思维习惯，培养自己发现问题、提出问题和解决问题的能力。

项目目标

通过学习"智能小夜灯"项目，认识LED灯的基本原理和特点，掌握Mixly编程软件的基本使用方法，了解通过编写程序控制LED模块运行的基本方法；认识人体红外热释传感器，掌握人体红外热释传感器的使用方法；掌握Arduino UNO扩展板的使用方法；能够设计相应的控制程序，掌握作品系统总成的方法。

项目范例

每当深夜，需要上厕所的时候，要找到厕所灯的开关成为一项艰巨的挑战，如果有一盏可以判断有人来就自动开启的智能灯就好了。

如何设计能够判断有人来就自动开启的智能灯呢？如果有人来了可以自动开灯，人走了自动关灯，这样既方便使用，又节能环保，真是太好了！通过观察、分析和上网搜索资料，发现需要解决以下问题。

问题一：如何识别有人来？

问题二：如何自动开灯？

 方案

1. 主题

智能小夜灯。

2. 内容

通过开展"智能小夜灯"项目学习活动,了解传感器的相关知识,体验运用不同的传感器来实现自动判断是否有人来的功能,解决家居生活中的实际问题。

3. 规划

项目规划设计包括作品的功能、所用到的设备以及应用场景等方面,详细的规划如表2-1所示。

表2-1 "智能小夜灯"项目规划

	装饰
能实现的功能	照明
	有人经过时开灯
应用场景	夜间,家里,楼道
	Arduino UNO控制板及扩展板
需要用到的核心设备	人体红外热释传感器
	LED灯

为了更好地规划自己的作品,达到事半功倍的效果,我们可以根据以上的规划设计一个思维导图,以便整理思路,如图2-2所示。

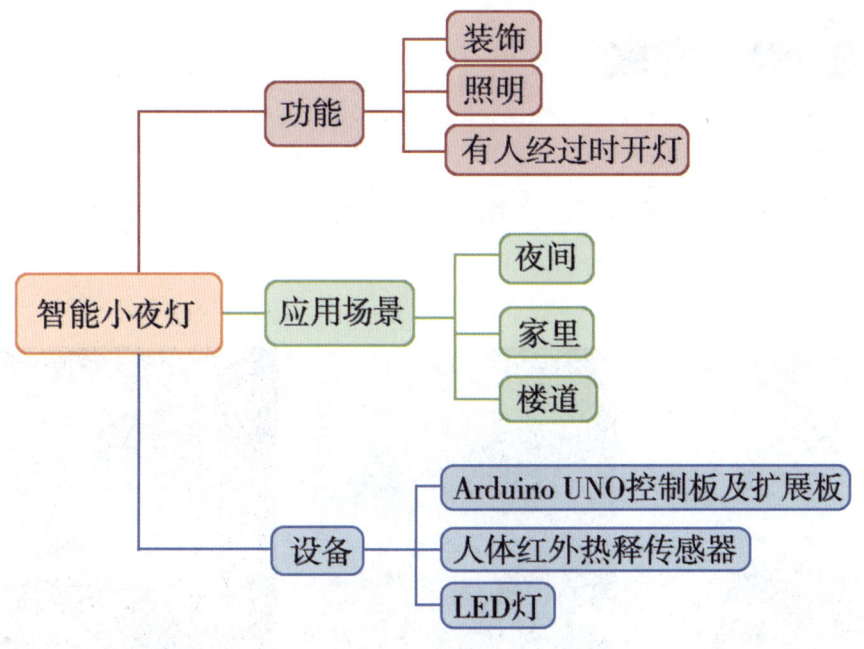

图2-2 "智能小夜灯"项目总体设计思维导图

4.探究

根据问题的指引和项目学习规划的安排,"智能小夜灯"项目学习探究活动内容如表2-2所示。

表2-2 "智能小夜灯"项目学习探究活动内容

探究学习内容	探究学习活动	知识技能
人体红外热释传感器	查阅资料,观察、分析和操作	认识人体红外热释传感器,了解人体红外热释传感器的使用方法
LED灯	查阅资料,观察、分析和操作	认识LED灯,了解LED灯的使用方法
"智能小夜灯"主控程序设计	抽象、概括和推理	能够设计相应的控制程序
"智能小夜灯"系统总成的方法和步骤	操作,概括	掌握作品系统总成的方法

成 果

1.展示

展示在项目范例探究过程中逐步形成的项目成果——智能小夜灯,如图2-2所示。

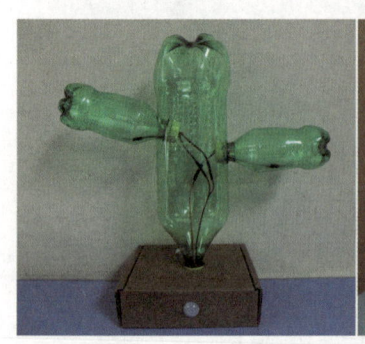

图2-3 智能小夜灯

2.交流

围绕智能小夜灯,分别在小组和班级中开展交流,进一步探讨智能灯在生活中的应用。

3.评价

根据表2-2"智能小夜灯"项目学习探究活动内容,对项目范例学习过程和成果作品进行自评和互评。

项目选题

请以2人为一组进行项目探究学习。主题可从下列参考主题中选择,也可小组商讨确定。

参考主题:

主题一:声控灯。

主题二：感光灯。

自定主题：_____

项目规划

参照项目范例的样式，制订本小组的项目方案。请将小组的规划方案填写到表2-3中。

表2-3 项目规划方案

1. 项目主题	
2. 要解决的核心问题	
3. 我设计的灯需要具备的功能（可以多选）	☐照明 ☐装饰 ☐信息指示 ☐智能化 ☐其他：_____
4. 我设计的灯将会用在	☐家里 ☐学校 ☐其他：_____
5. 需要用到的核心设备	
6. 需要学习的知识或技能	
7. 开展项目学习的方法	
8. 进度安排表	
9. 学习资源获取途径及获得指导的途径	
10. 可能会遇到的困难	
11. 预期成果	

试着画一下自己的项目设计思维导图吧！

方案交流

各小组将完成的方案在班级中进行展示交流，师生根据交流情况，跟随下列问题的引导，共同完善本组的研究方案。

我们方案的优点是＿＿＿＿＿＿＿＿＿＿＿＿＿＿＿＿＿＿＿＿＿＿

＿＿＿＿＿＿＿＿＿＿＿＿＿＿＿＿＿＿＿＿＿＿＿＿＿＿＿＿＿＿＿＿

我们的方案需要补充的地方有＿＿＿＿＿＿＿＿＿＿＿＿＿＿＿＿

＿＿＿＿＿＿＿＿＿＿＿＿＿＿＿＿＿＿＿＿＿＿＿＿＿＿＿＿＿＿＿＿

我认为还有更好的方案，我们可以（怎么做）＿＿＿＿＿＿＿

＿＿＿＿＿＿＿＿＿＿＿＿＿＿＿＿＿＿＿＿＿＿＿＿＿＿＿＿＿＿＿＿

＿＿＿＿＿＿＿＿＿＿＿＿＿＿＿＿＿＿＿＿＿＿＿＿＿＿＿＿＿＿＿＿

探究活动

❶ 智能小夜灯的设计

智能小夜灯是一种通过识别是否有人经过来自动开关灯的智能装置。项目最核心的两个问题是：如何判断是否有人经过？如何自动开灯？

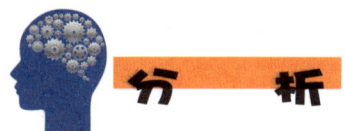

当我们遇到问题需要解决的时候，常常会观察生活中的一些现象；当我们对某些新知识还不是很了解的时候，可以采用模仿的方式来模拟真实的情境。比如，我们经常看到楼道中的体感灯，卫生间的自动感应冲水装置，都是利用了人体红外热释传感器来检测是否有人，并通过相应的触发机制来控制开灯或者冲水。

同理，智能小夜灯也可以采用人体红外热释传感器。当附近有人的时候，传感器会发出一个高电平信号给Arduino UNO控制板，控制板判断有高电平输入后，再控制LED灯相应的端口，使之同样输出高电平，从而点亮LED灯；反之将LED灯关闭。设计思路如图2-4所示。

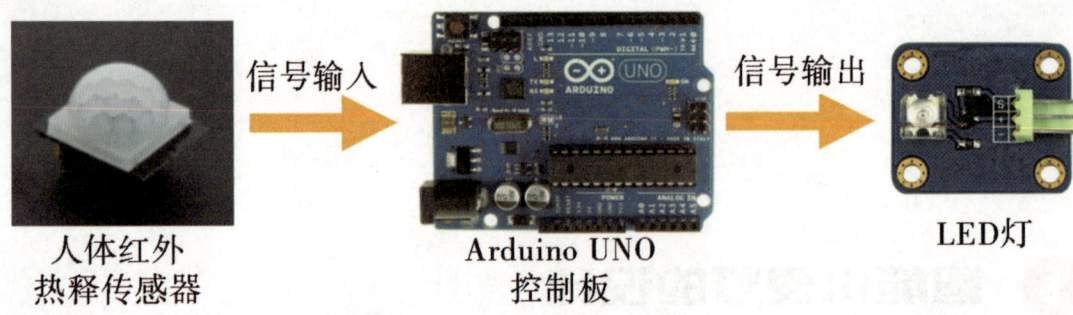

图2-4 智能小夜灯设计思路

请观察日常生活中的一些现象,找出与智能小夜灯设计思路类似的装置,并填在表2-4中。

表2-4 日常生活中的人体感应装置

编号	装　置	工作原理
1		
2		
3		
4		

② 硬件与电子元件的选择

制作智能小夜灯需要准备一些硬件设备，按照❶中提出的智能小夜灯设计思路，需要准备的主要材料如表2-5所示。

表2-5 制作智能小夜灯所需硬件及材料清单

编号	名称	数量	备注
1	Arduino UNO控制板	1块	控制设备
2	Arduino UNO扩展板	1块	扩展管脚数
3	LED灯	1个	照明
4	人体红外热释传感器	1块	检测人体
5	USB数据线	1条	传输数据
6	杜邦线	若干	连接硬件
7	6 V电源组	1个	供电
8	饮料瓶、纸盒	若干	制作外形
9	黏合剂、胶布	若干	制作外形

放大镜

人体红外热释传感器

人体红外热释传感器（如图2-5所示）是一种能检测人或动物身体发射的红外线，然后转化为电信号的传感器。因此，它能检测一定范围内人或动物的活动。早在1938年，有人提出利用热释电效应探测红外辐射，但并未受到重视。直到20世纪60年代，随着激光、红外技术的迅速发展，才推动了对热释电效应的研究和对热释电晶体的应用。热释电晶体已广泛用于红外光谱仪、红外遥感以及热辐射探测器中。目前，人体红外热释传感器正在被广泛地应用到各种自动化控制装置中。

在本项目中，我们把它作为智能设备的一种传感器，除了在我们熟知的楼道自动开关、防盗报警器上得到应用外，在更多领域的应用前景明朗。有些同学有更妙的想法，例如：在房间无人时会自动停机的空调机、饮水机，能判断无人观看或观众睡着后自动关机的电视机，自动开启的监视器，自动门铃，自动记录动物或人的活动的摄影机或照相机等。

图2-5　人体红外热释传感器

请观察日常生活中的一些现象，找出人体红外热释传感器和LED灯的应用实例，并填在表2-6中。

表2-6　电子模块的应用实例

编号	人体红外热释传感器	LED灯
1		
2		
3		
4		

③ 动手做项目：硬件连接

我们在做好硬件准备之后，就可以进行硬件的物理线路连接。线路连接如图2-6所示。

图2-6 物理线路连接图

具体步骤和方法如下：

1. 扩展板的连接

将Arduino UNO控制板与扩展板连接。在正常制作作品或相对比较复杂的项目时，往往会接入更多的传感器等模块。当Arduino UNO控制板自带的I/O接口不足以满足作品的需求时，引入Arduino UNO扩展板可以很好地解决这一问题。

2. 热释电红外传感器的连接

人体红外热释传感器有三个管脚，分别是"Out""GND""5 V+"。"Out"连接8号数字管脚；"GND"连接相应的GND管脚；"5 V+"连接相应的VCC管脚。

3. LED灯的连接

LED灯同样有三个管脚，分别是"S""-""+"。"S"连接13号数字管脚；"-"连接相应的"GND"管脚；"+"连接相应的"VCC"管脚。

❹ 动手做项目：编写程序

流程图

根据❶所描述的设计思路，结合人体红外热释传感器和LED灯的工作原理，"智能小夜灯"程序设计的主要流程如图2-7所示。

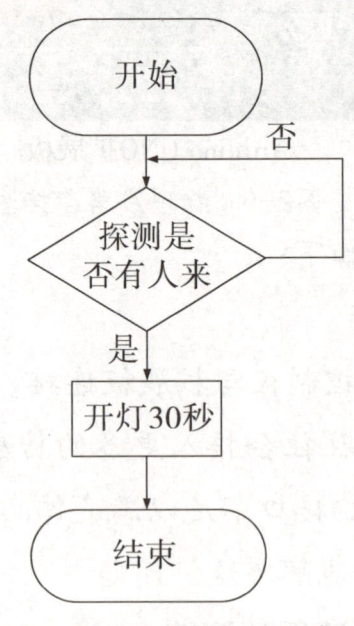

图2-7 "智能小夜灯"程序流程图

程　　序

在正式编写"智能小夜灯"程序之前，我们可以通过简单的几个小实验快速掌握Mixly的基本操作和编程语法。

1.点亮LED灯

在本丛书的第一册中，我们已经学过Arduino的基础知识，了解LED灯属于数字元件，并且把接在Arduino UNO控制板的13号数字管脚上作为输出设备。下面我们尝试用Mixly软件编写简单的程序点亮LED灯。

在Mixly软件中编程与Scratch类似，都是积木式图形化的编程，只要将需要的模块从模块选择区拖到程序构建区，如图2-8所示。

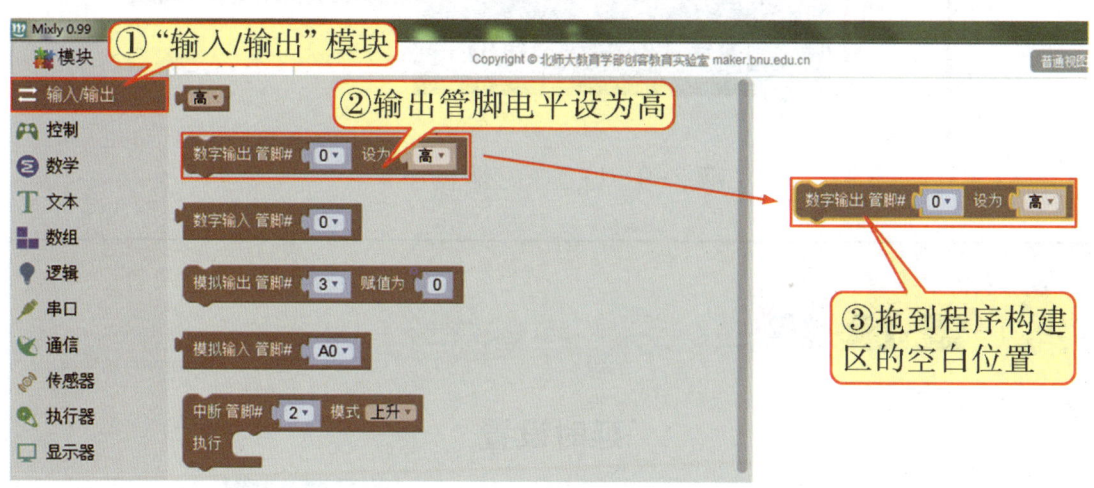

图2-8　编写程序的基本操作

单击管脚编号旁边的黑色倒三角符号，将数字输出管脚的编号改为LED灯所在的13号管脚，。

之后将程序上传到Arduino UNO控制板测试效果。

2. 使 LED 灯闪烁

想要 LED 灯重复闪烁,那么只需要重复切换 LED 灯的高低电平状态就可以了。我们学习过 Scratch 程序的顺序结构,Mixly 软件中的指令也是按照由上到下的顺序来执行的,同样遵从顺序结构的规律,并且不能拆分。不同的是 Mixly 软件中只要不做特殊规定,所有的指令都会重复执行。使 LED 灯闪烁的程序如图 2-9 所示。

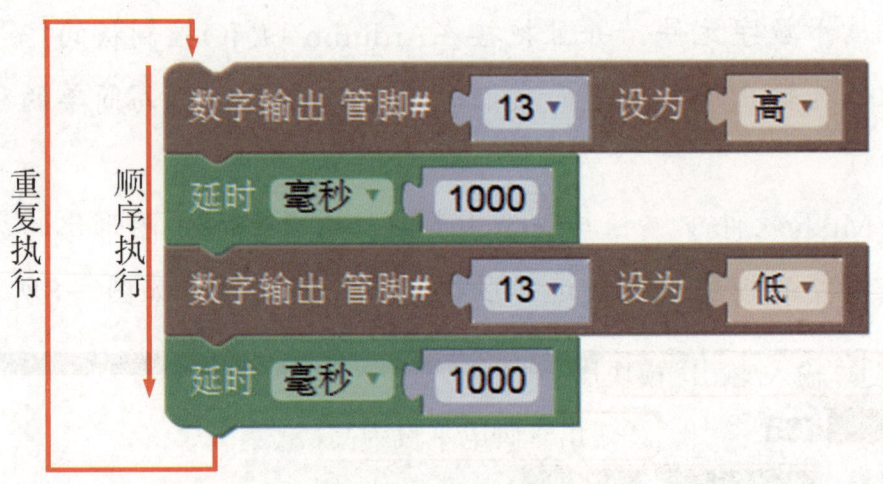

图 2-9　LED 灯闪烁程序

延时设置

Mixly 软件中同样有延时功能,在  控制 功能区找到 功能,延时的计时单位有"毫秒"和"微秒"可以选择（1 秒 =1000 毫秒,1 毫秒 =1000 微秒）。

3. 判断是否有人来

根据上面有关人体红外热释传感器的资料,我们可以简单总结为:如果有人来,那么人体红外热释传感器会输入高电平,反之输

入低电平。基于这样的原理,我们可以通过Mixly软件编写相应的程序来实现对是否有人的判断,即如果人体红外热释传感器所连接的8号管脚输入高电平,那么就点亮LED灯。

(1) 怎样知道数字管脚的输入状态?

这里我们将用到Mixly软件的"输入/输出"模块中读取数字口信号的"数字输入"指令,如图2-10所示,该指令可以返回指定管脚的电平值。

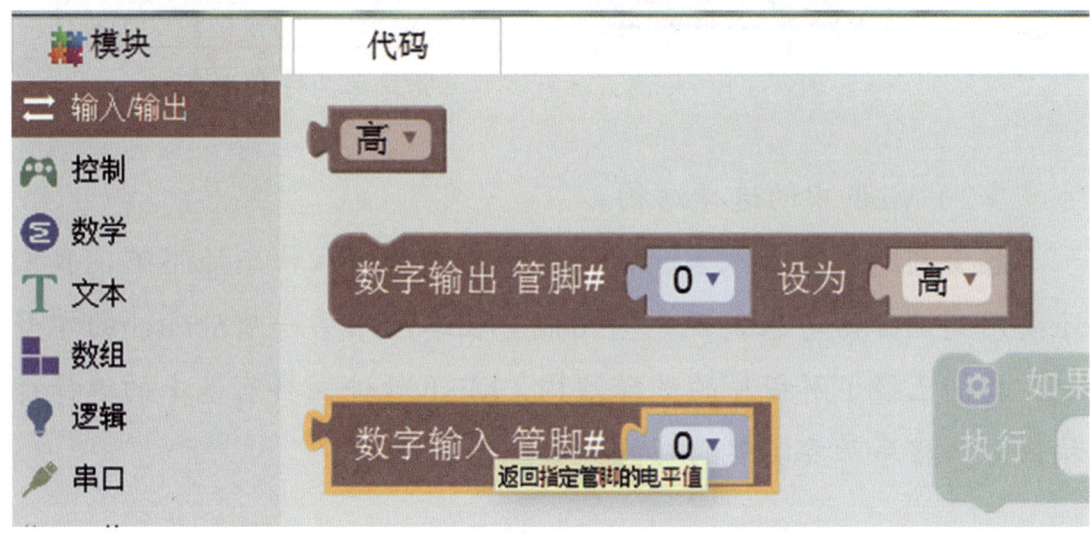

图2-10 "数字输入"指令

我们可以读取人体红外热释传感器所在8号数字管脚的电平值(通常有人则输入高电平,输入结果为1;没有人时输入低电平,输入结果为0)。详细分析如表2-7所示。

表2-7 人体红外热释传感器输入信号判断

环境状态	电平状态	输入信号	逻辑状态
有人	高电平	1	真
没有人	低电平	0	假

31

将"数字输入"指令拖到程序构建区,并修改数字管脚号为人体红外热释传感器所在的8号数字管脚,如图2-11所示。

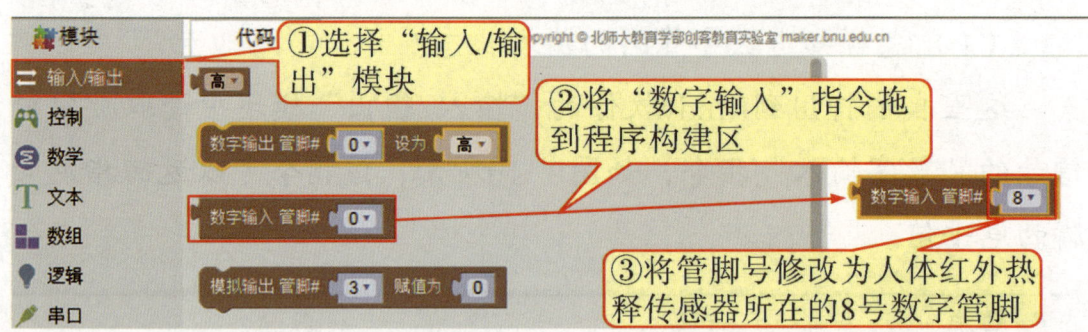

图2-11 检测人体红外热释传感器的输入状态

(2)Mixly中的选择结构。

想要判断是否有人来,仅知道传感器的输入状态还不够,我们还要用到选择语句来实现判断功能。在本丛书第一册Scratch的学习中,我们已经了解程序的选择结构,Mixly软件同样有基本的选择结构语句,程序所要实现的功能如表2-8所示。

表2-8 选择结构实现功能

语句	判断状态	执行效果
如果	有人的状态下	开灯60秒
否则	没有人的状态下	关灯

首先需要实现单向判断功能,具体的操作如图2-12所示。

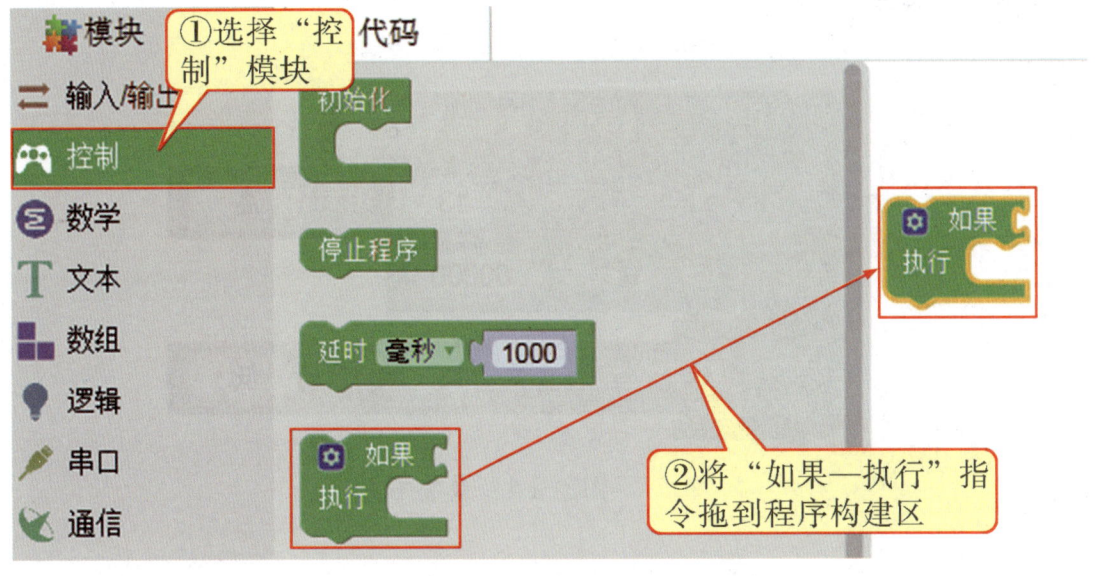

图2-12　单向判断指令

接下来我们需要用双向判断功能,具体操作如图2-13所示。

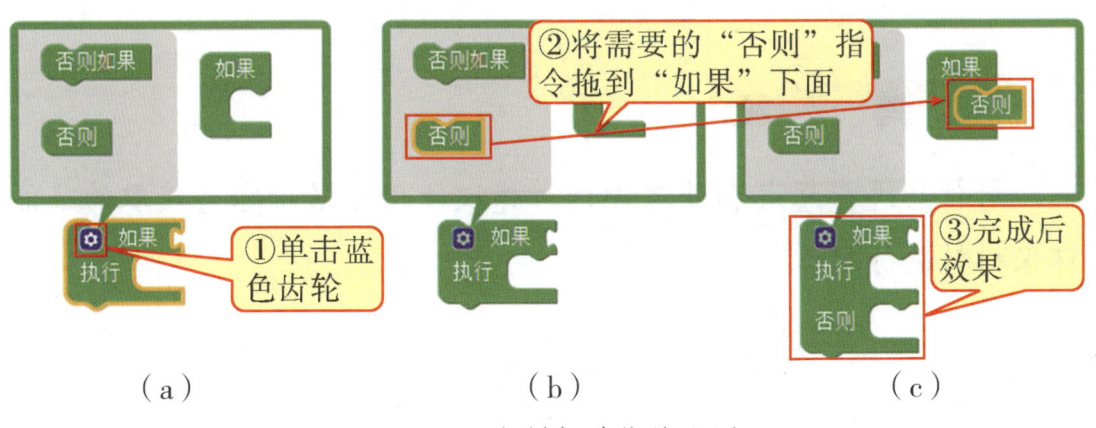

图2-13　双向判断功能的设置

4. 最终程序

将以上涉及的基本程序组合起来，就形成了最终的程序，效果如图2-14所示。

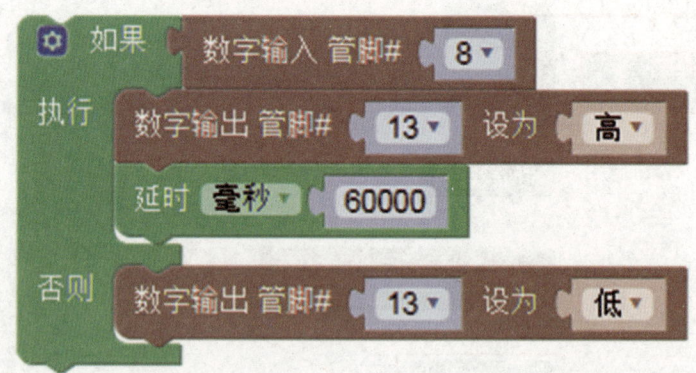

图2-14　最终程序

上传程序，接通电源，检测智能小夜灯能否感应人体的出现，开灯的时间是否准确。

对作品进行总成和外观设计。建议使用生活中容易获取的节能环保材料进行制作。

项目实施

请各小组根据本组的项目选题及拟定的项目方案，结合本课所学知识，进一步完善该项目方案中的各项学习活动，制作本组选定项目的作品，并填写表2-9。

表2-9 项目实施日志

流程	事项	工作日志
1	准备材料	
2	连接组件	
3	编写程序	
4	测试优化	
5	美化外观	
6	撰写报告	

成果交流

请各小组将所完成的项目学习成果在小组和班级中进行展示与交流，并在表2-10中对自己的成果作出评价。

表2-10 成果评价表

评价指标	指标说明	优（17~20分）	良（13~16分）	中（9~12分）	差（0~8分）
创新性	能有创意地解决所面对的问题，这个问题目前市面上未有妥善的解决方案，或对目前已有的解决方案进行了显著的改善和创新。				
实用性	方案严谨合理，技术上可行，符合成本效益，制作方法、流程高效灵活，所实现的功能契合所选主题的需求。				
技术水平	对难题的理解及方案的提出，具有与课题相关较高的知识水平。在方案实现的过程中，具备较高的软硬件知识水平，对已有的工艺或技术进行了改进，实现技术创新。				
艺术性	对作品的外形和色彩搭配有适当的审美考虑。材料及设计符合安全要求，作品易于被用户控制及使用。				
演示及回应	作品展示资料充足，简洁准确，语言流畅，组员间能互相配合。回答问题时，对问题理解准确，思路清晰，反应迅捷，逻辑严密。				
总分					

活动评价

请各小组根据本组的项目选题、拟定的项目方案、实施情况及所形成的成果,对自己的学习活动进行评价和总结,并填写表2-11和表2-12。

表2-11 项目学习自我评价表

编号	内容	掌握程度
1	我能通过分析合理规划项目	☆☆☆☆☆
2	我能和小组其他成员合理分工	☆☆☆☆☆
3	我能运用合理的方法解决问题	☆☆☆☆☆
4	我能和小组其他成员合作完成作品	☆☆☆☆☆
5	我能将自己的作品与其他同学分享	☆☆☆☆☆
6	我能准确介绍自己作品的功能、特点	☆☆☆☆☆

电子玩具设计与制作

表2-12 项目学习自我总结表

项目主题					
学生姓名		学号		日期	
小组成员					
自我总结					

在该项目中我所完成的任务是＿＿＿＿＿＿＿＿＿＿＿＿＿＿＿＿＿＿＿＿＿＿

该项目所涉及的学习领域有＿＿＿＿＿＿＿＿＿＿＿＿＿＿＿＿＿＿＿＿＿＿

项目实施过程中我遇到的困难有＿＿＿＿＿＿＿＿＿＿＿＿＿＿＿＿＿＿＿＿
＿＿＿＿＿＿＿＿＿＿＿＿＿＿＿＿＿＿＿＿＿＿＿＿＿＿＿＿＿＿＿＿＿＿

我克服困难的方法是＿＿＿＿＿＿＿＿＿＿＿＿＿＿＿＿＿＿＿＿＿＿＿＿＿＿
＿＿＿＿＿＿＿＿＿＿＿＿＿＿＿＿＿＿＿＿＿＿＿＿＿＿＿＿＿＿＿＿＿＿

关于整体分工和合作情况,其他小组值得我们学习的是＿＿＿＿＿＿＿＿＿＿
＿＿＿＿＿＿＿＿＿＿＿＿＿＿＿＿＿＿＿＿＿＿＿＿＿＿＿＿＿＿＿＿＿＿

关于项目的选题、实施、成果和展示,其他小组值得我们借鉴的是＿＿＿
＿＿＿＿＿＿＿＿＿＿＿＿＿＿＿＿＿＿＿＿＿＿＿＿＿＿＿＿＿＿＿＿＿＿

通过该项目学习,我的收获是＿＿＿＿＿＿＿＿＿＿＿＿＿＿＿＿＿＿＿＿＿
＿＿＿＿＿＿＿＿＿＿＿＿＿＿＿＿＿＿＿＿＿＿＿＿＿＿＿＿＿＿＿＿＿＿

通过该项目学习,我知道自己的优势在于＿＿＿＿＿＿＿＿＿＿＿＿＿＿＿＿
＿＿＿＿＿＿＿＿＿＿＿＿＿＿＿＿＿＿＿＿＿＿＿＿＿＿＿＿＿＿＿＿＿＿

我还需要继续努力的方面有＿＿＿＿＿＿＿＿＿＿＿＿＿＿＿＿＿＿＿＿＿＿
＿＿＿＿＿＿＿＿＿＿＿＿＿＿＿＿＿＿＿＿＿＿＿＿＿＿＿＿＿＿＿＿＿＿

如果再做一次该项目,我会做出的调整是＿＿＿＿＿＿＿＿＿＿＿＿＿＿＿＿
＿＿＿＿＿＿＿＿＿＿＿＿＿＿＿＿＿＿＿＿＿＿＿＿＿＿＿＿＿＿＿＿＿＿

第3课　创意电子琴

电子琴是一种键盘乐器，如图3-1所示，它属于一种电子合成器。电子琴能创造出许多其他乐器无法演奏出的音色，甚至自然界不存在的音色，这些音色可以帮助人们通过音乐表达自己的情感，因此电子琴在很多电视节目或者音乐作品中都有运用。电子琴的发明推动了音乐的普及，它让音乐真正成为大众的音乐，电子琴也成为人类生活中不可缺少的乐器。

图3-1　电子琴

本节课通过开展"创意电子琴"项目学习活动，了解电子琴的发声原理，学会使用Arduino硬件结合传感器创作有趣的互动作品。

在实际项目制作的过程中，学会运用观察、比较、分析、综合、抽象、概括、判断、推理等思维方法，描述项目、设计方案、讨论交流、探究学习，从而完成项目作品的制作，并进行评价与分享，形成良好的学习和思维习惯，培养自己发现问题、提出问题和解决问题的能力。

项目目标

通过学习"创意电子琴"项目，认识蜂鸣器，掌握蜂鸣器的使用方法，体会蜂鸣器在现实生活中的应用；学习通过程序控制蜂鸣器发出相应的音调；认识超声波传感器模块，掌握超声波传感器模块的使用方法；能够设计相应的控制程序，掌握作品系统总成的方法。

项目范例

电子琴有趣、易学，如果我们有一台自己的电子琴就好了。我们可以用它弹奏出优美动听的乐曲。

如何制作一台电子琴呢？通过观察、分析和上网搜索资料，发现需要解决以下问题。

问题一：怎么让电子琴发出声音？需要什么设备？
问题二：如何控制电子琴发出我们需要的音调？
问题三：有什么创意让电子琴更加有趣？

1. 主题

创意电子琴。

2. 内容

本节课通过开展"创意电子琴"项目学习活动,了解电子琴的发声原理,感受用电子琴弹奏的音乐和用其他乐器演奏的音乐的不同。学会使用Mixly软件控制蜂鸣器播放相应的音调,掌握电子琴的制作方法。学会使用本节课的知识解决现实中遇到的问题。

3. 规划

项目的规划设计包括作品的功能、所用到的设备以及应用场景等方面,详细的规划如表3-1所示。

表3-1 "创意电子琴"项目规划

能实现的功能	发出声音
	可以弹奏
应用场景	游戏、表演
需要用到的核心设备	Arduino UNO控制板及扩展板
	蜂鸣器
	按键
	超声波传感器

为了更好地规划自己的作品,达到事半功倍的效果,我们可以根据以上的规划设计一个思维导图,以便整理思路,如图3-2所示。

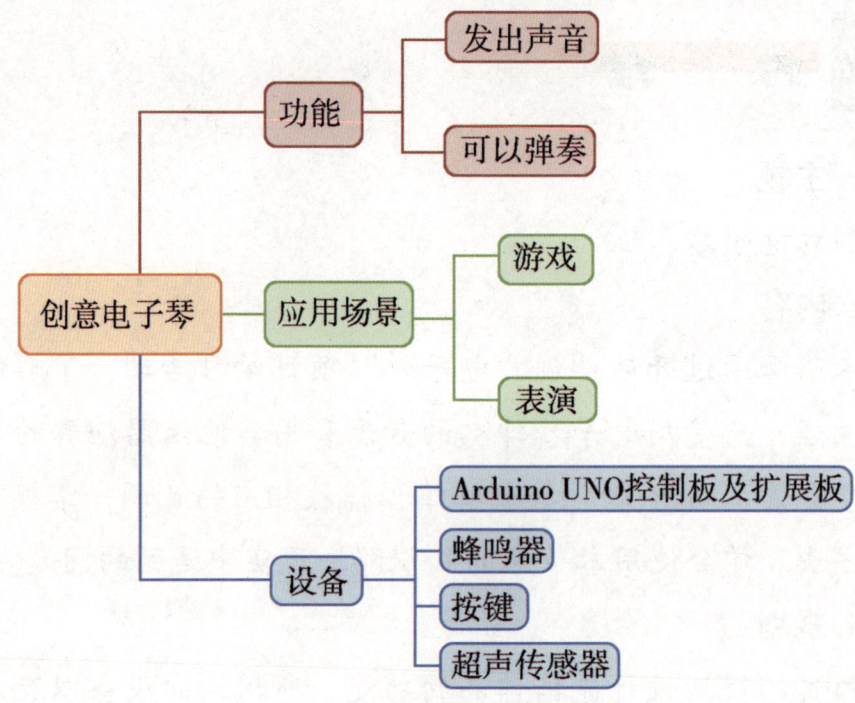

图3-2　项目总体设计思维导图

4. 探究

根据问题的指引和项目学习规划的安排,"创意电子琴"项目学习探究活动内容如表3-2所示。

表3-2　"创意电子琴"项目学习探究活动内容

探究学习内容	探究学习活动	知识技能
蜂鸣器	查阅资料,观察、分析和操作	认识蜂鸣器,了解蜂鸣器的使用方法
按键	查阅资料,观察、分析和操作	认识按键,思考按键的应用场景
超声波传感器	查阅资料,观察、分析和操作	认识超声波传感器,了解超声波传感器的使用方法
"创意电子琴"主控程序设计	抽象、概括和推理	能够设计相应的控制程序
"创意电子琴"系统总成的方法和步骤	操作,概括	掌握作品系统总成的方法

 成 果

1. 展示

展示在项目范例探究过程中逐步形成的项目成果——创意电子琴，如图3-3所示。

2. 交流

围绕创意电子琴，分别在小组和班级中开展交流，进一步探讨能为电子琴添加哪些有趣的功能。

图3-3 创意电子琴

3. 评价

根据表3-2"创意电子琴"项目学习探究活动内容，对项目范例学习过程和成果作品进行自评和互评。

项目选题

请以2人为一组，进行项目探究学习。主题可从下列参考主题中选择，也可小组商讨确定。

参考主题：

主题一：七键电子琴。

主题二：感应电子琴。

自定主题：_____

项目规划

参照项目范例的样式，制订本小组的项目方案。请将小组的规划方案填写到表3-3中。

表3-3 项目规划方案

1. 项目主题	
2. 要解决的核心问题	
3. 我设计的电子琴需要实现的功能	□发出声音　　□可控制发出的音调 □其他：＿＿＿＿＿＿
4. 我设计的电子琴将会用于	□游戏　　□表演 □其他：＿＿＿＿＿＿
5. 需要用到的核心设备	
6. 需要学习的知识或技能	
7. 开展项目学习的方法	
8. 进度安排表	
9. 学习资源获取途径及获得指导的途径	
10. 可能会遇到的困难	
11. 预期成果	

试着画一下自己的项目设计思维导图吧!

方案交流

各小组将完成的方案在班级中进行展示交流,师生根据交流情况,跟随下列问题的引导,共同完善本组的研究方案。

我们方案的优点是＿＿＿＿＿＿＿＿＿＿＿＿＿＿＿＿＿＿＿＿
＿＿＿＿＿＿＿＿＿＿＿＿＿＿＿＿＿＿＿＿＿＿＿＿＿＿＿＿

我们的方案需要补充的地方有＿＿＿＿＿＿＿＿＿＿＿＿＿＿＿
＿＿＿＿＿＿＿＿＿＿＿＿＿＿＿＿＿＿＿＿＿＿＿＿＿＿＿＿

我认为还有更好的方案,我们可以(怎么做)＿＿＿＿＿＿＿＿
＿＿＿＿＿＿＿＿＿＿＿＿＿＿＿＿＿＿＿＿＿＿＿＿＿＿＿＿
＿＿＿＿＿＿＿＿＿＿＿＿＿＿＿＿＿＿＿＿＿＿＿＿＿＿＿＿

探究活动

❶ 电子琴的设计

日常生活中大多的发声设备都是已经封装好的，我们很难知道它们的工作原理。接下来让我们一起来探究一下。

我们制作的电子琴是用蜂鸣器来发出声音的。蜂鸣器可以播放不同的音调，它通过接收Arduino UNO控制板发送的信号，播放相应的音调。我们可以在Mixly软件中直接把控制声音播放的程序编写好，但为了增加电子琴的互动性，我们可以增加一些传感器，比如按键、超声波传感器等，通过传感器输入信号，控制蜂鸣器播放不同的音调。电子琴的设计思路如图3-4所示。

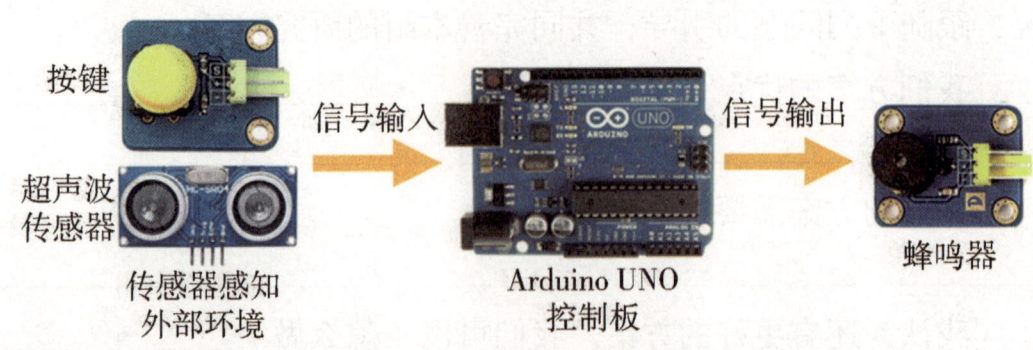

图3-4　电子琴设计思路

当我们按下电子琴的按键时，电子琴会发出相应的声音。请观察日常生活中的一些现象，留意我们身边的电子设备，找出与电子琴设计思路类似的装置，并填在表3-4中。

表3-4 日常生活中的按键触发装置

编号	装置	工作原理
1		
2		
3		
4		
5		

❷ 硬件与电子元件的选择

制作创意电子琴需要准备一些硬件，按照❶中提出的创意电子琴设计思路，需要准备的主要材料如表3-5所示。

表3-5 制作创意电子琴所需硬件及材料清单

编号	名称	数量	备注
1	Arduino UNO控制板	1块	控制设备
2	Arduino UNO扩展板	1块	扩展管脚数
3	蜂鸣器	1个	发出声音
4	超声波传感器	1块	探测障碍
5	按键	7个	用作琴键
6	USB数据线	1条	传输数据
7	杜邦线	若干	连接硬件
8	6 V电源组	1个	供电
9	小纸盒	1个	制作外形
10	黏合剂、胶布	若干	制作外形

 放大镜

蜂鸣器

在使用Arduino UNO控制板连接电子设备时，常见的发声体是蜂鸣器，如图3-5所示。蜂鸣器体积小，音质虽然较差，但是在产生警告提示音或者简单的音乐时，已经足够使用了。

蜂鸣器内部的主要零件是蜂鸣

图3-5 蜂鸣器

片。蜂鸣片是一块薄薄的铜片，它上面有压电感应物质，通过改变电流的强弱影响蜂鸣片的振动，从而发出不同的声音。

超声波传感器

超声波的频率高于人类耳朵可以听见的最高声波频率。在动物中，海豚间通过超声波交流信息，蝙蝠利用超声波来定位猎物和躲避障碍物。超声波可以用来探测距离，它的原理和雷达定位原理相似。

我们常用超声波传感器来探测物件，它通常含有两个超声波元器件。一个用于发射超声波，一个用于接收超声波，如图3-6所示。

图3-6　超声波传感器

超声波传感器上有四个管脚，分别是"VCC"（正极）、"Trig"（触发）、"Echo"（回应）和"GND"（接地）。

请观察日常生活中的一些现象，找出按键和蜂鸣器的应用实例，并填在表3-6中。

表3-6　电子模块的应用实例

编号	按键	蜂鸣器
1		
2		
3		
4		

3 动手做项目：硬件连接

在做好硬件准备之后，我们便可以进行硬件的物理线路连接。具体步骤和方法如下：

1. 蜂鸣器的连接

将蜂鸣器和Arduino UNO扩展板的10号数字管脚连接，如图3-7所示。

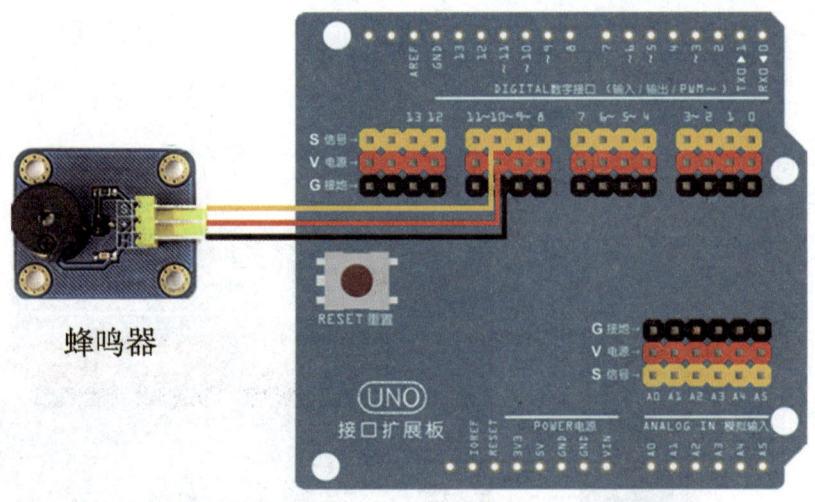

图3-7 蜂鸣器的线路连接

2．按键的连接

将按键和Arduino UNO扩展板连接，7个按键分别连接3～9号数字管脚，如图3-8所示。

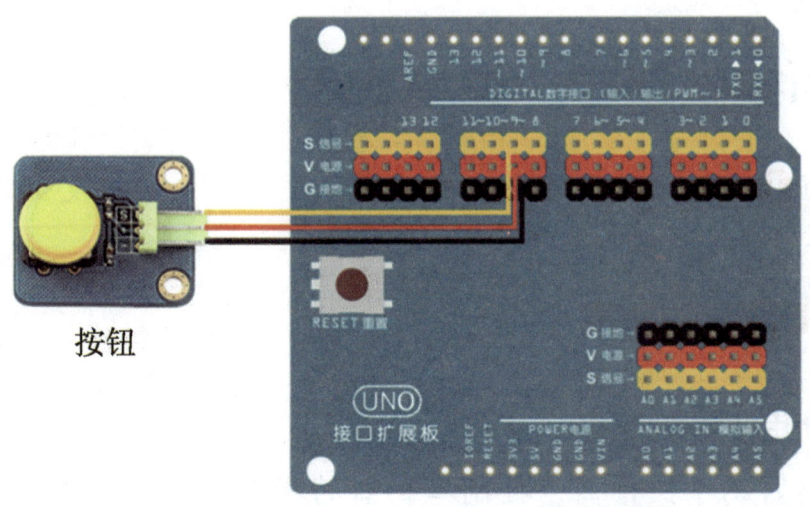

图3-8 按键的线路连接

3. 超声波传感器的连接

超声波传感器的4个管脚分别是"VCC""GND""Trig""Echo"。"VCC"接"+"管脚,"GND"接"−"管脚。"Trig"接11号数字管脚,"Echo"接12号数字管脚,如图3-9所示。

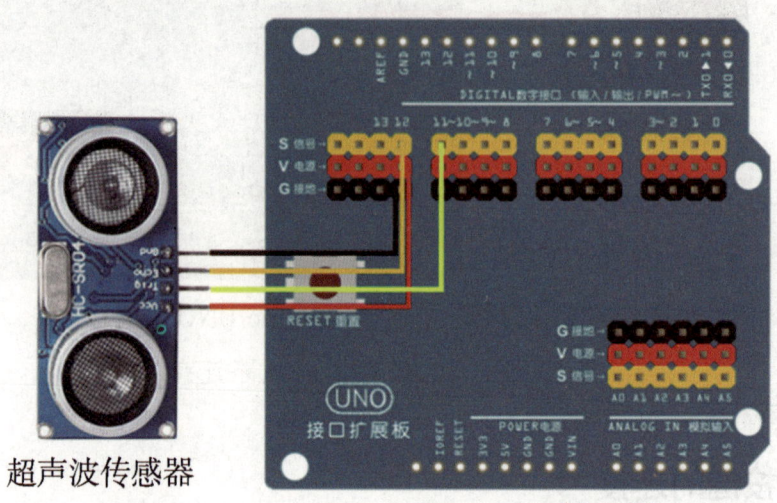

图3-9 超声波传感器的线路连接

❹ 动手做项目:编写程序

根据❶所描述的设计思路,编写程序,让电子琴发出声音吧!

1.让电子琴响起来

蜂鸣器属于执行器,控制蜂鸣器的指令在"执行器"模块里,如图3-10所示。

我们已经把蜂鸣器连接到10号数字管脚上,所以要把程序里管脚的数值改成10,如图3-11所示。

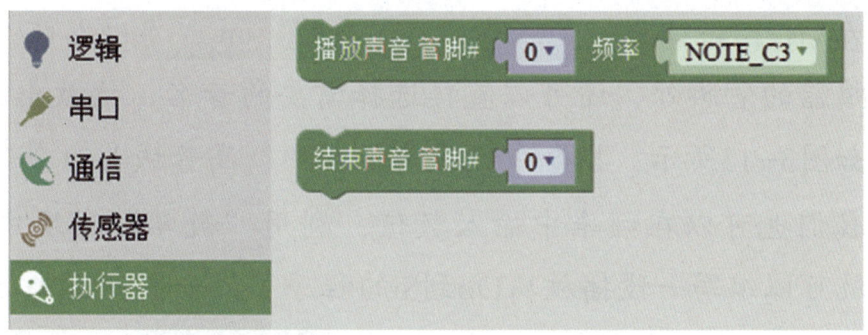

图3-10 声音控制指令

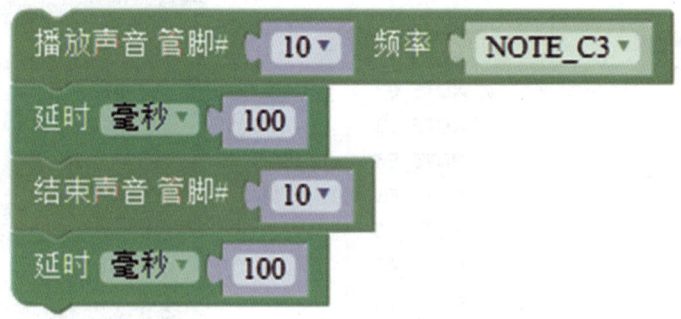

图3-11 让蜂鸣器发声的参考程序

接下来一起尝试一下让蜂鸣器发出声音吧!

 望远镜

声音的音高

声音的频率高低称为音高。在音乐上,我们用Do、Re等唱名或者C、D等音名来代表不同频率的音高。钢琴键盘就是按照音高的顺序排列的,如图3-12所示。

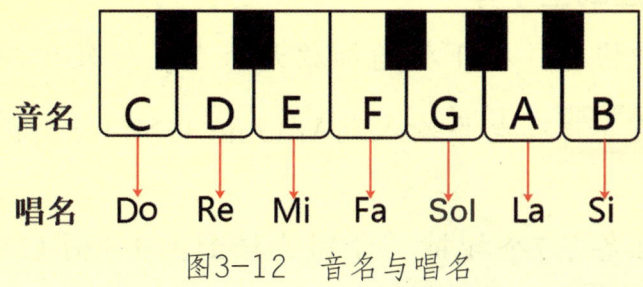

图3-12 音名与唱名

在Mixly软件中，播放声音 管脚# 10▼ 频率 NOTE_C3▼ 指令除了设置连接蜂鸣器的管脚外，还可以直接选择需要的音名，播放出对应的唱名，如图3-13所示。指令中预设有低、中、高音域共21个音。

我们也可以在频率中输入数值，利用"数学"模块中的 0 指令，就可以编写一段播放从Do到Si的程序了，如图3-14所示。

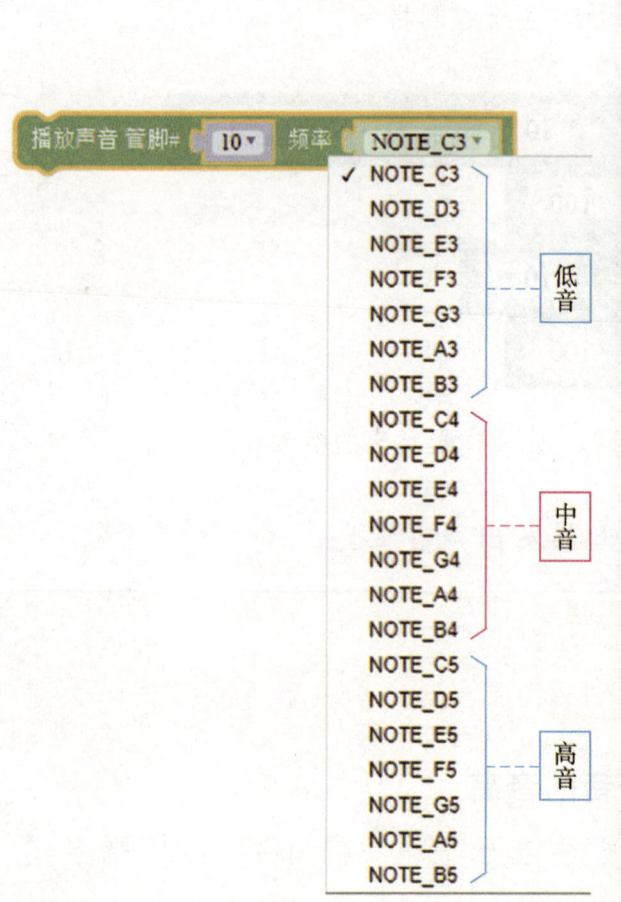

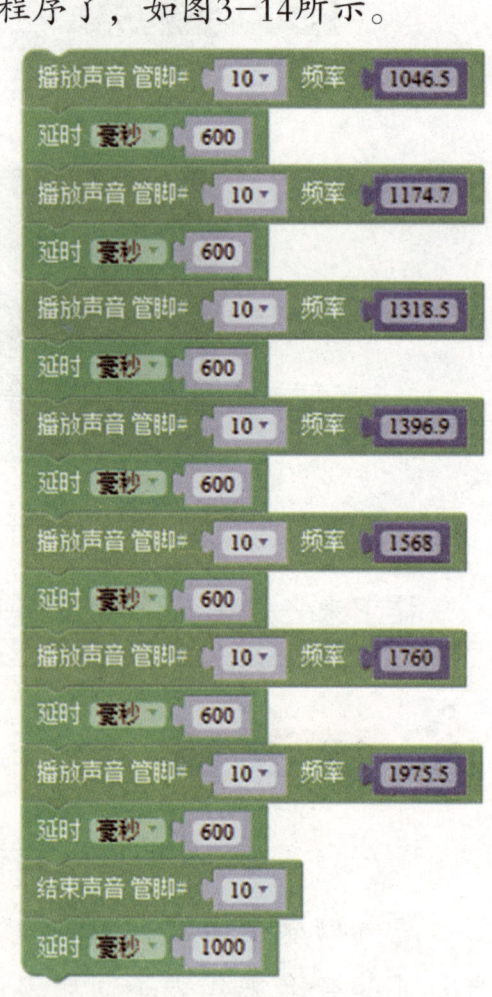

图3-13 播放声音指令中可选择对应的唱名　　图3-14 用频率控制音调

2. 用按键控制电子琴

按键有两种状态：按下状态和放开状态。当处于按下状态时，指令 数字输入 管脚# 0▼ 有电平输入到Arduino UNO控制板，即表示按键被按下。

本节课共准备了7个按键，分别连接到Arduino UNO控制板的

3~9号数字管脚，分别对应Do、Re、Mi、Fa、Sol、La、Si七个唱名。按下按键时，蜂鸣器会发出声音。

还要使用 指令，并添加六个条件指令，如图3-15所示。

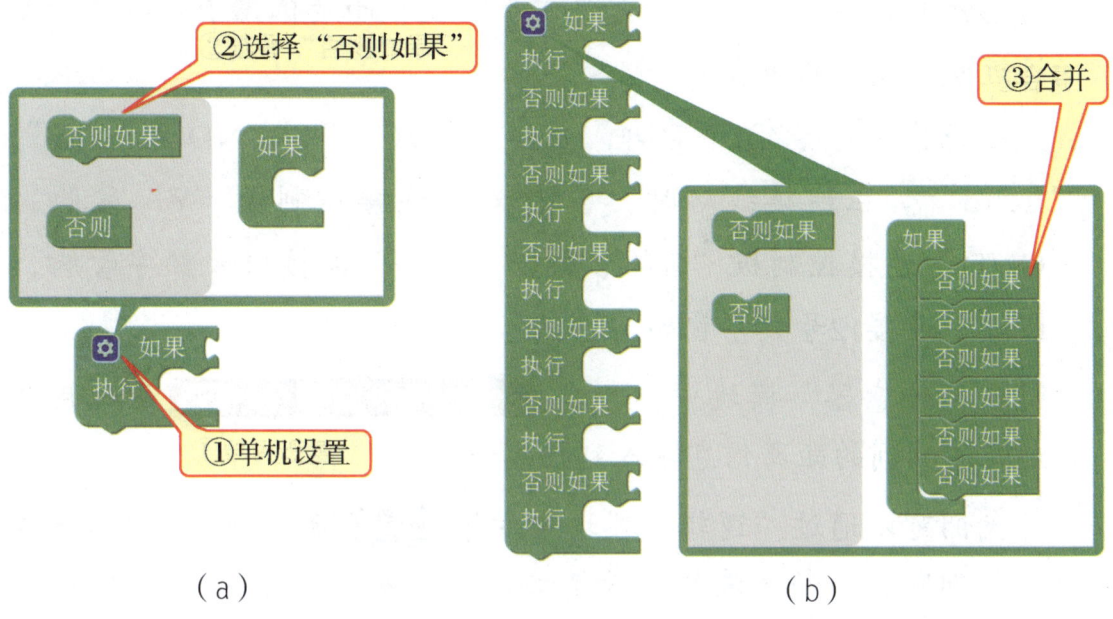

（a） （b）

图3-15 "如果—执行"指令的设置

把"如果—执行"指令添加到程序中，参考程序如图3-16所示。

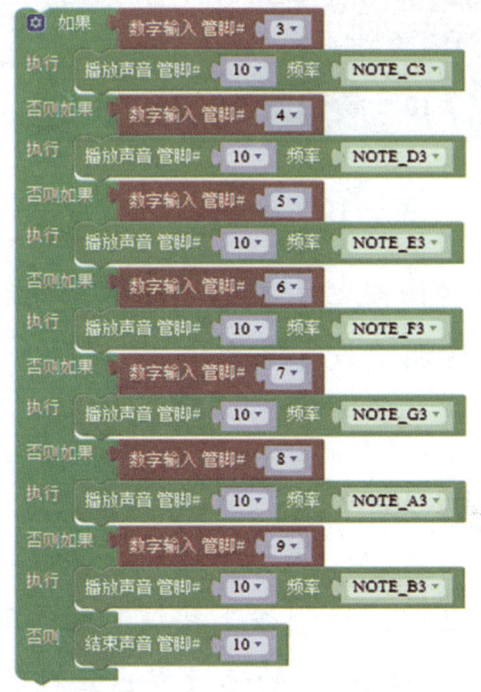

图3-16 音乐播放程序

3. 另类电子琴

除了使用按键来控制蜂鸣器播放声音外，我们还可以使用其他的传感器，让电子琴变得更加有趣，比如超声波传感器。使用超声波传感器的另类电子琴，不需要按下按键，而是根据手距离电子琴的远近发出相应的声音。

超声波传感器有4个管脚，分别是"VCC""GND""Trig""Echo"。在连接线路时，"VCC"连接控制板"V"管脚，"GND"连接控制板"G"管脚，"Trig"连接11号数字管脚，"Echo"连接12号数字管脚。

在"传感器"模块中，指令 ![超声波测距] 的作用是把超声波测到的距离信息输入到控制板中。

我们可以通过"逻辑"模块中的 ![指令] 指令对超声波的信号值进行判断，当超声波的信号值≤10时，发出低音Do，如图3-17所示。

图3-17 超声波检测程序

参考上面的程序和按键电子琴程序，试完成能够根据手距离电子琴的远近发出相应音调的另类电子琴。

上传程序，接通电源，检测按下按键时能否发出相应的音调。检测电子琴是否能够根据障碍物的远近发出正确的音调。

 美　化

对你的作品进行总成和外观设计。建议使用生活中容易获取的节能环保材料进行制作。

项目实施

请各小组根据本组的项目选题及拟定的项目方案，结合本节课所学知识，进一步完善该项目方案中的各项学习活动，制作本组选定项目中的作品，并填写表3-7。

表3-7　项目实施日志

流程	事项	工作日志
1	准备材料	
2	连接组件	
3	编写程序	
4	测试优化	
5	美化外观	
6	撰写报告	

成果交流

请各小组将完成的项目学习成果在小组和班级中进行展示与交流，并在表3-8中对自己的成果作出评价。

表3-8 成果评价表

评价指标	指标说明	优（17~20分）	良（13~16分）	中（9~12分）	差（0~8分）
创新性	能有创意地解决所面对的问题，这个问题目前市面上未有妥善的解决方案，或对目前已有的解决方案进行了显著的改善和创新。				
实用性	方案严谨合理，技术上可行，符合成本效益，制作方法、流程高效灵活，所实现的功能契合所选主题的需求。				
技术水平	对难题的理解及方案的提出，具有与课题相关较高的知识水平。在方案实现的过程中，具备较高的软硬件知识水平，对已有的工艺或技术进行了改进，实现技术创新。				
艺术性	对作品的外形和色彩搭配有适当的审美考虑。材料及设计符合安全要求，作品易于被用户控制及使用。				
演示及回应	作品展示资料充足，简洁准确，语言流畅，组员间能互相配合。回答问题时，对问题理解准确，思路清晰，反应迅捷，逻辑严密。				
总分					

活动评价

请各小组根据本组的项目选题、拟定的项目方案、实施情况及所形成的成果，对自己的学习活动进行评价和总结，并填写表3-9和表3-10。

表3-9　项目学习自我评价表

编号	内容	掌握程度
1	我能通过分析合理规划项目	☆☆☆☆☆
2	我能与同组的同学合理分工完成任务	☆☆☆☆☆
3	我能运用合理的方法解决问题	☆☆☆☆☆
4	我能和小组其他成员合作制作完成作品	☆☆☆☆☆
5	我能将自己的作品与其他小组分享	☆☆☆☆☆
6	我能准确介绍自己作品的功能、特点	☆☆☆☆☆

表3-10 项目学习自我总结表

项目主题				
学生姓名		学号		日期
小组成员				
自我总结				

在该项目中我所完成的任务是_____

该项目所涉及的学习领域有_____

项目实施过程中我遇到的困难有_____
_____

我克服困难的方法是_____
_____

关于整体分工和合作情况,其他小组值得我们学习的是_____
_____

关于项目的选题、实施、成果和展示,其他小组值得我们借鉴的是__
_____

通过该项目学习,我的收获是_____
_____

通过该项目学习,我知道自己的优势在于_____
_____

我还需要继续努力的方面有_____
_____

如果再做一次该项目,我会做出的调整是_____
_____

第4课 昆虫世界

昆虫是地球上数量最多的动物群体，人类已知的昆虫有一百余万种。昆虫遍布地球的每个角落，天空飞的、水里游的、地上爬的、地下钻的……为了适应不同的生存环境，不同种类的昆虫在外观形态、生活习性和行动方式上也各有不同：有的昆虫长有翅膀，善于飞行；有的昆虫身形细长，利于在地下钻行；有的昆虫足部发达，利于快速爬行……从昆虫多变的外观形态和行动方式上，人们获得了很多的创意启发，应用于我们的生活中，例如仿照甲虫制成的善于爬行和跨越障碍的多足机器人，仿照昆虫复眼制成的监测仪器，仿照蚊子制成的侦查机器人，还有可钻地的搜救机器人，可探测土壤污染的机器人等。

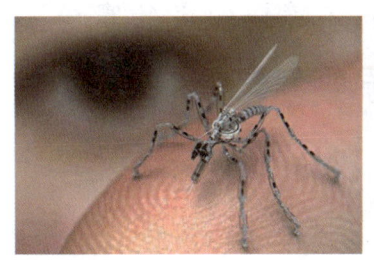 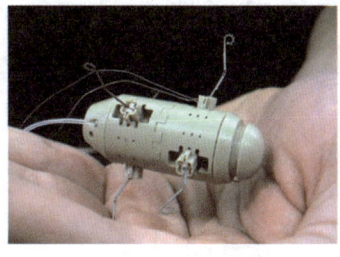 

图4-1 不同种类的机械昆虫

本节课通过开展"昆虫世界"项目学习活动，了解昆虫的种类、身体结构及行动方式；了解仿生学与智能化相结合的应用优势。

在实际项目进行的过程中,学会运用观察、比较、分析、综合、抽象、概括、判断、推理等思维方法,描述项目、设计方案、讨论交流、探究学习,共同完成项目作品的制作,并进行评价与分享,形成良好的学习和思维习惯,成为具有良好价值取向、较高思维品质和较强思维能力的人才。

项目目标

通过学习"小虫快跑"项目,认识舵机、超声波传感器,并熟练掌握它们的使用方法;能够设计相应的控制程序,掌握作品系统总成的方法。

项目范例

机械小虫越野比赛将要开始了,欢迎各种形态的机械小虫们踊跃报名参加。它们将会跨越由沙地、草地、碎石障碍组成的赛场,最终第一个冲过终点的机械小虫将会获得冠军的荣誉。大家带上自己的机械小虫比一比吧!

如何设计一只在沙土、草地、碎石障碍的环境下快速爬行的机械小虫呢?通过观察、分析和上网搜索资料,发现需要解决以下问题。

问题一：如何设计机械小虫的形态、协调各足之间的动作，使之能够快速向前移动并跨越小的障碍？

问题二：如何提前检测并自动躲避前方难以跨越的障碍？

1.主题

小虫快跑。

2.内容

本节课通过开展"小虫快跑"项目学习活动，制作机械小虫，掌握舵机与超声波传感器的使用方法。学会通过编程控制机械小虫各足的协调动作。学会使用本节课的知识制作不同形态与动作特征的机械小虫。

3.项目

项目的规划设计包括作品的功能、所用到的设备以及应用场景等方面，详细的规划如表4-1所示。

能实现的功能	在不平的地面自行移动
	检测并躲避难以跨越的障碍
应用场景	沙地、草地、碎石障碍
需要用到的核心设备	Arduino UNO控制板及扩展板
	舵机
	超声波传感器

为了更好地规划自己的作品，达到事半功倍的效果，我们可以根据以上的规划设计一个思维导图，便于整理思路，如图4-2所示。

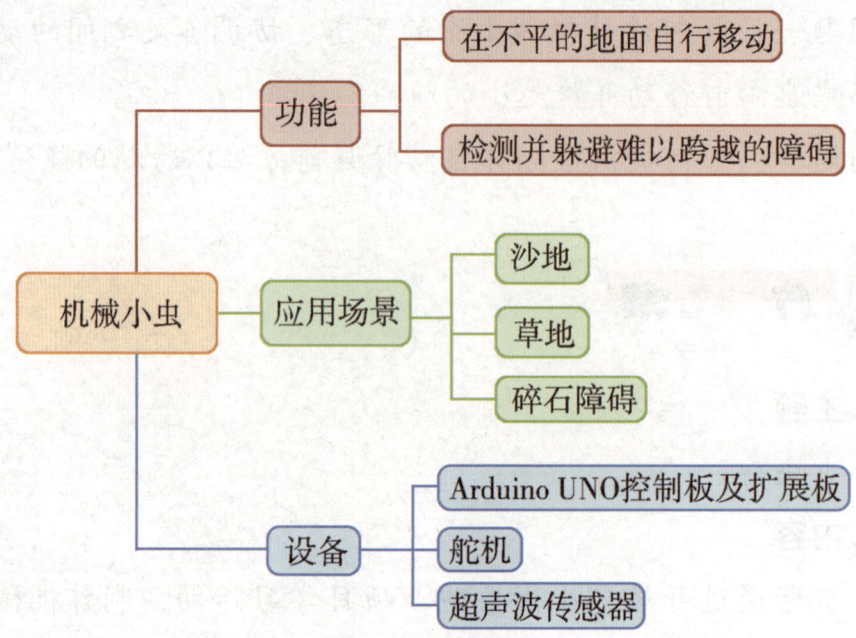

图4-2 "小虫快跑"项目总体设计思维导图

4．探究

根据问题的指引和项目学习规划的安排，"小虫快跑"项目学习探究活动内容如表4-2所示。

表4-2 "小虫快跑"项目学习探究活动内容

探究学习内容	探究学习活动	知识技能
Arduino UNO控制板及扩展板	查阅资料，观察、分析和操作	认识Arduino UNO控制板及扩展板，了解其使用方法
超声波传感器	查阅资料，观察、分析和操作	认识超声波传感器，了解超声波传感器的使用方法
舵机	查阅资料，观察、分析和操作	认识舵机，了解舵机的使用方法
机械小虫主控程序设计	抽象、概括和推理	能够设计相应的控制程序
机械小虫系统总成的方法和步骤	操作，概括	掌握作品系统总成的方法

成 果

1. 展示

展示在项目范例探究过程中逐步形成的项目成果——机械小虫,如图4-3所示。

图4-3 机械小虫

2. 交流

围绕机械小虫,分别在小组和班级中开展交流,进一步探讨各种不同形态、功能的机械小虫,以及在生活中的推广应用。

3. 评价

根据表4-2"小虫快跑"项目学习规划活动内容,对项目范例学习过程和成果作品进行自评和互评。

项目选题

请以2人为一组进行项目探究学习。主题可从下列参考主题中选择,也可小组商讨确定。

参考主题:

主题一:能在沙丘爬行的机械小虫。

主题二：跳跃的机械小虫。

主题三：在水面移动的机械小虫。

自定主题：_____

项目规划

参照项目范例的样式，制订本小组的项目方案。请将小组的规划方案填写到表4-3中。

表4-3 项目规划方案

1. 项目主题	
2. 要解决的核心问题	
3. 我设计的小虫具备的功能（可以多选）	□爬行　□跳　□会躲避障碍 □其他：_____
4. 我设计机械小虫时所参考的昆虫	□甲虫　□跳蚤 □其他：_____
5. 需要用到的核心设备	
6. 需要学习的知识或技能	
7. 开展项目学习的方法	
8. 进度安排表	
9. 学习资源获取途径及获得指导的途径	
10. 可能会遇到的困难	
11. 预期成果	

试着画一下自己的项目设计思维导图吧！

方案交流

各小组将完成的方案在班级中进行展示交流，师生根据交流情况，跟随下列问题的引导，共同完善本组的研究方案。

我们方案的优点是_____

_____

我们的方案需要补充的地方有_____

_____

我认为还有更好的方案，我们可以（怎么做）_____

_____

探究活动

❶ 机械小虫的设计

设计机械小虫,我们可以参考生活中遇到的昆虫,观察昆虫的身体结构,分析其动作和行为特征。例如制作能够在起伏的地面行走的机械小虫,我们可以以蚂蚁、甲虫等为参考对象,观察它们的身体特征:多足,成一定角度倾斜,足部用于支撑身体的重量和快速移动。分析它们的动作:运动时足与足之间相互协调,有的原地做支撑,有的往前移动,动作交替连贯,保持身体平稳的同时向前移动。模拟昆虫的行走方式,机械小虫就可以达到行走的目的。

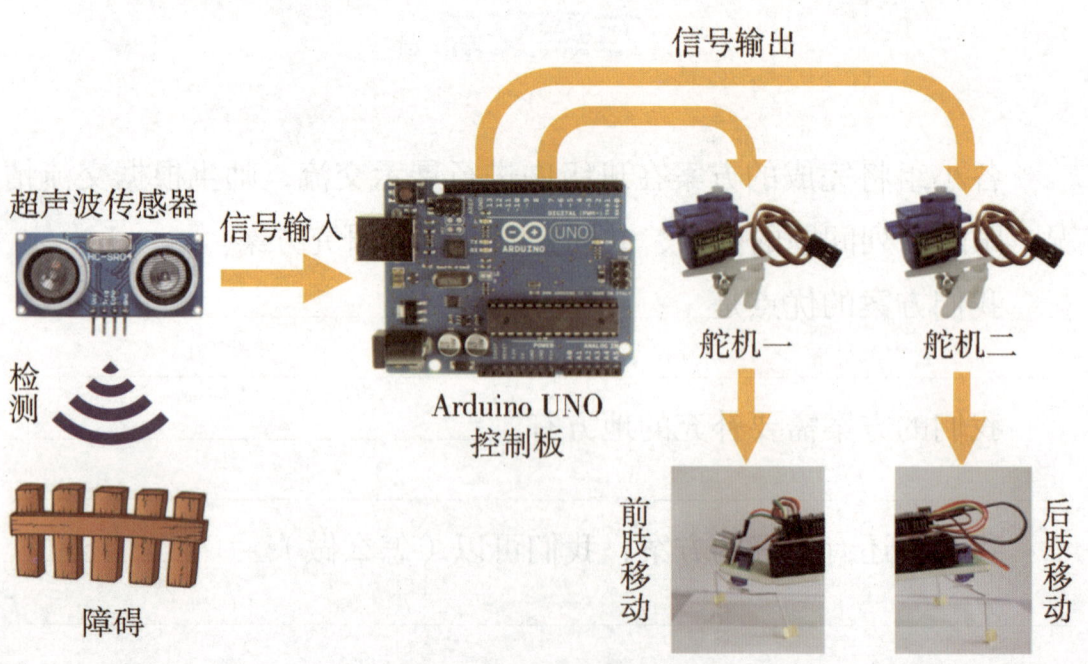

图4-4　机械小虫设计思路

制作机械小虫可以利用舵机转动的方式来进行驱动，前肢和后肢的舵机不在同一水平线上，成一定角度支撑。运动时，前、后肢交替移动。超声波传感器向上倾斜一定的角度，检测到难以跨越的障碍时，通过先后退、转弯再前进的方式绕过障碍。设计思路如图4-4所示。

请观察日常生活中的一些昆虫，分析它们的形态与动作特征，思考如何设计相应的机械小虫，并填在表4-4中。

表4-4　参考生活中的昆虫设计机械小虫

编号	昆虫的形态	昆虫的动作特征	分析及设计思路
1			
2			
3			
4			

❷ 硬件与电子元件的选择

制作机械昆虫需要准备一些硬件，按照❶中所提出的机械小虫设计思路，需要准备的主要材料如表4-5所示。

表4-5 制作机械小虫所需硬件及材料清单

编号	名称	数量	备注
1	Arduino UNO控制板	1块	控制设备
2	Arduino UNO扩展板	1块	扩展管脚数
3	舵机	2个	驱动小虫四肢
4	超声波传感器	1个	探测障碍
5	USB数据线	1条	传输数据
6	杜邦线	若干	连接硬件
7	6 V 电源组	1个	供电
8	KT板	1块	制作机械小虫的身体
9	回形针	4个	制作外形
10	双面胶	1卷	制作外形

放大镜

舵机

舵机，如图4-5所示，是一类电子元件的俗称，其实是伺服马达的一种，即一种位置（角度）伺服的驱动器。舵机可以把电信号转变为角位移或角速度输出，往往用于需要精确控制转动角度或转动速度的系统。

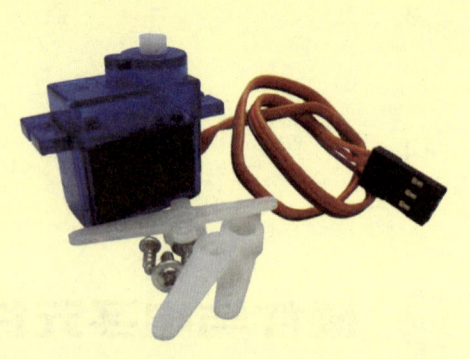

图4-5 舵机

 观　　察

请观察日常生活中的一些现象，找出各种类型舵机与超声波传感器的应用实例，并填在表4-6中。

表4-6　电子模块的应用实例

编号	舵机	超声波传感器
1		
2		
3		
4		

③ 动手做项目：外形设计和硬件连接

 实　　践

在做好硬件与材料准备后，便可以进行硬件的物理线路连接与作品的外形设计。

1. 硬件连接

将两个舵机分别与Arduino UNO扩展板的4号、5号数字管脚连接，将超声波传感器与扩展板的2号、3号数字管脚连接，如图4-6所示。

图4-6 硬件连接设计图

管脚连线及说明如表4-7所示。

表4-7 电子元件与控制板连接说明

电子模块	电子模块管脚	扩展板管脚	管脚位置	作用
舵机一	V	V	4号数字管脚	控制前肢动作
	G	G		
	S	S		
舵机二	V	V	5号数字管脚	控制后肢动作
	G	G		
	S	S		
超声波传感器	Vcc	V	3号数字管脚	感应前方障碍
	Gnd	G	3号数字管脚	
	Echo	S	3号数字管脚	
	Trig	S	2号数字管脚	

2.外形设计

(1)动手设计机械小虫的外观,模仿甲虫的形态,用KT板制作躯干,如图4-7所示。

图4-7 机械小虫的躯干制作(一)

用胶纸使躯干形成一定角度,如图4-8所示。

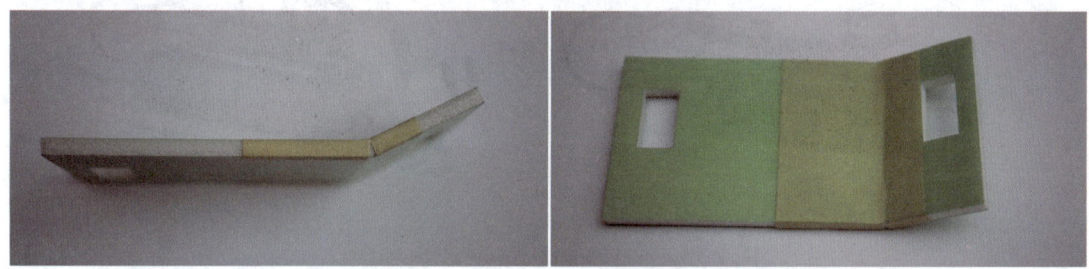

图4-8 机械小虫的躯干制作(二)

(2)在躯干两头安装舵机,如图4-9所示。

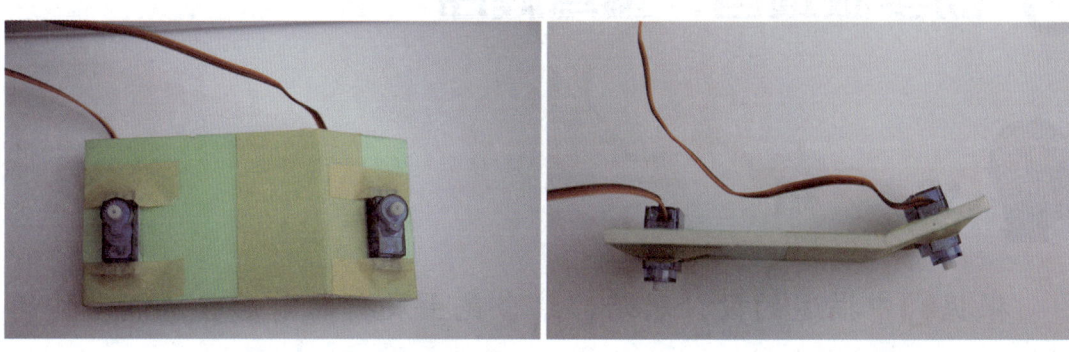

图4-9 安装舵机

（3）用回形针制作小虫的4条足肢，如图4-10所示。

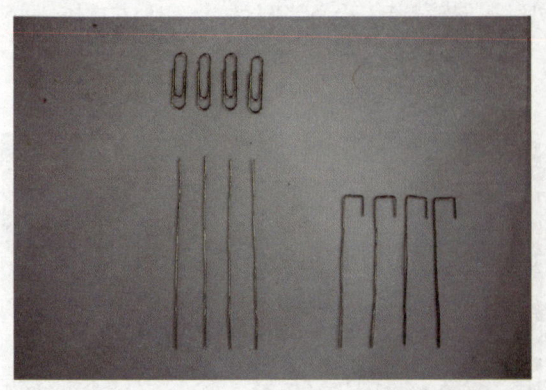
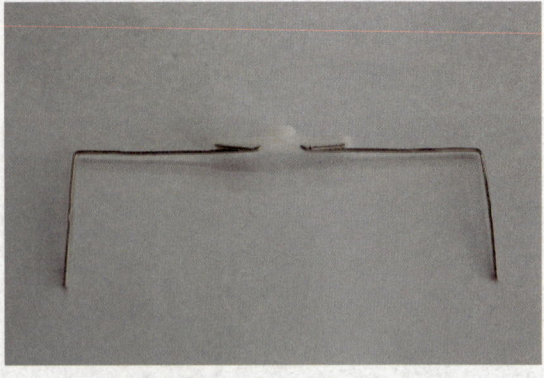

图4-10　机械小虫的足肢制作

（4）在躯干上安装电池和控制板，组装后的小虫作品，如图4-11所示。

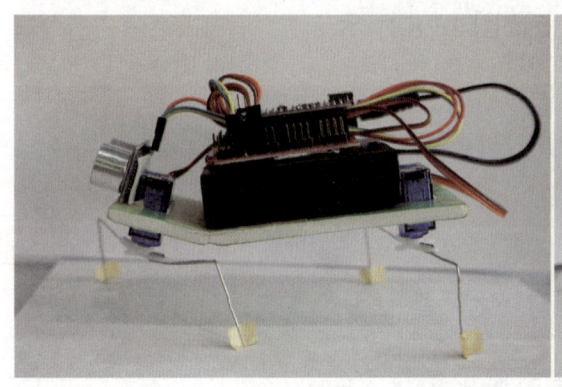

图4-11　机械小虫作品

④ 动手做项目：编写程序

分　析

根据①中描述的设计思路，结合昆虫爬行时前后肢协调动作的方式和舵机的工作原理，机械小虫程序所控制的动作设计如图4-12所示。

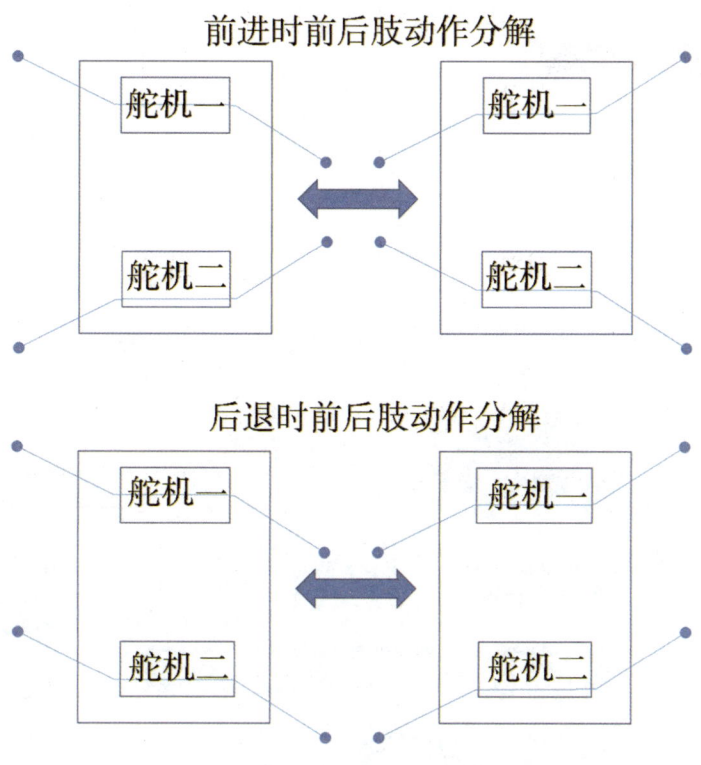

图4-12 机械小虫的动作设计

 流程图

机械小虫如果通过超声波感应到前方有难以逾越的障碍,先往后退6步,在后退过程中偏移方向,然后重新向前移动,直到绕过或避开障碍为止。程序流程图如图4-13所示。

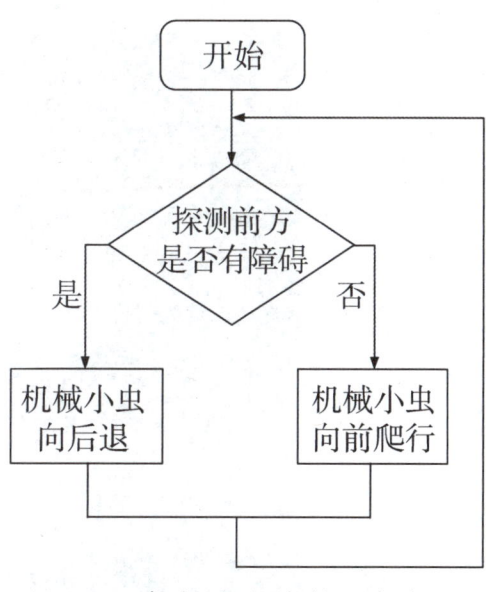

图4-13 机械小虫控制程序流程图

75

电子玩具设计与制作

驱动舵机的指令如图4-14所示。

机械小虫的前进、后退控制程序如图4-15所示。

完整程序如图4-16所示。

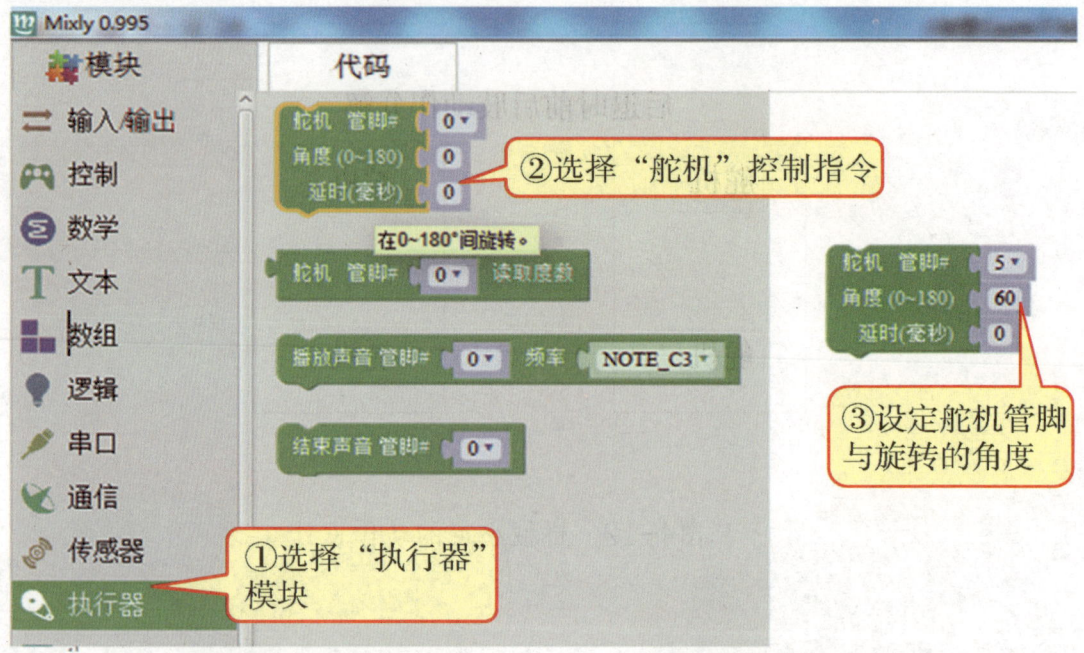

图4-14 舵机控制程序

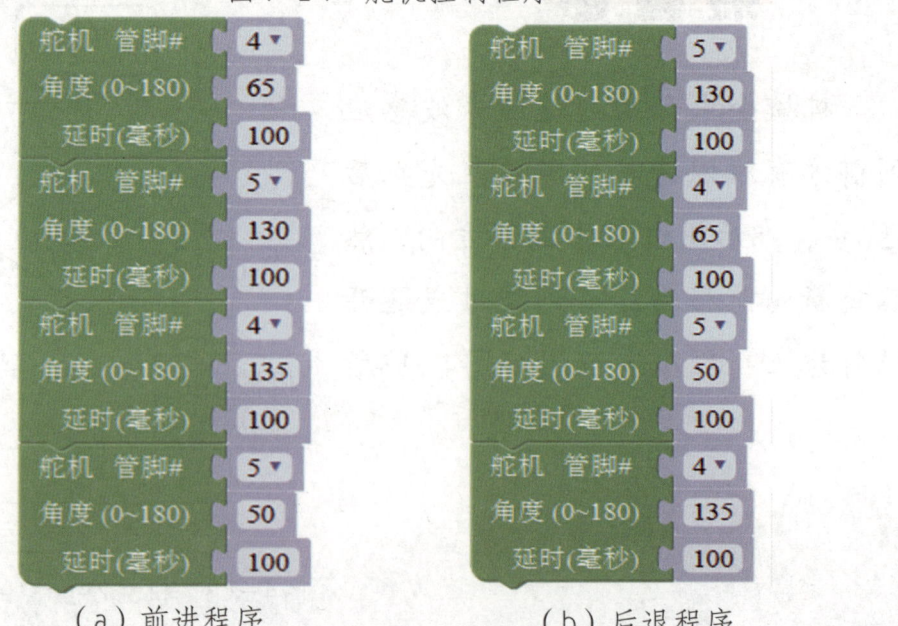

（a）前进程序　　　　　　（b）后退程序

图4-15 机械小虫的行进控制程度

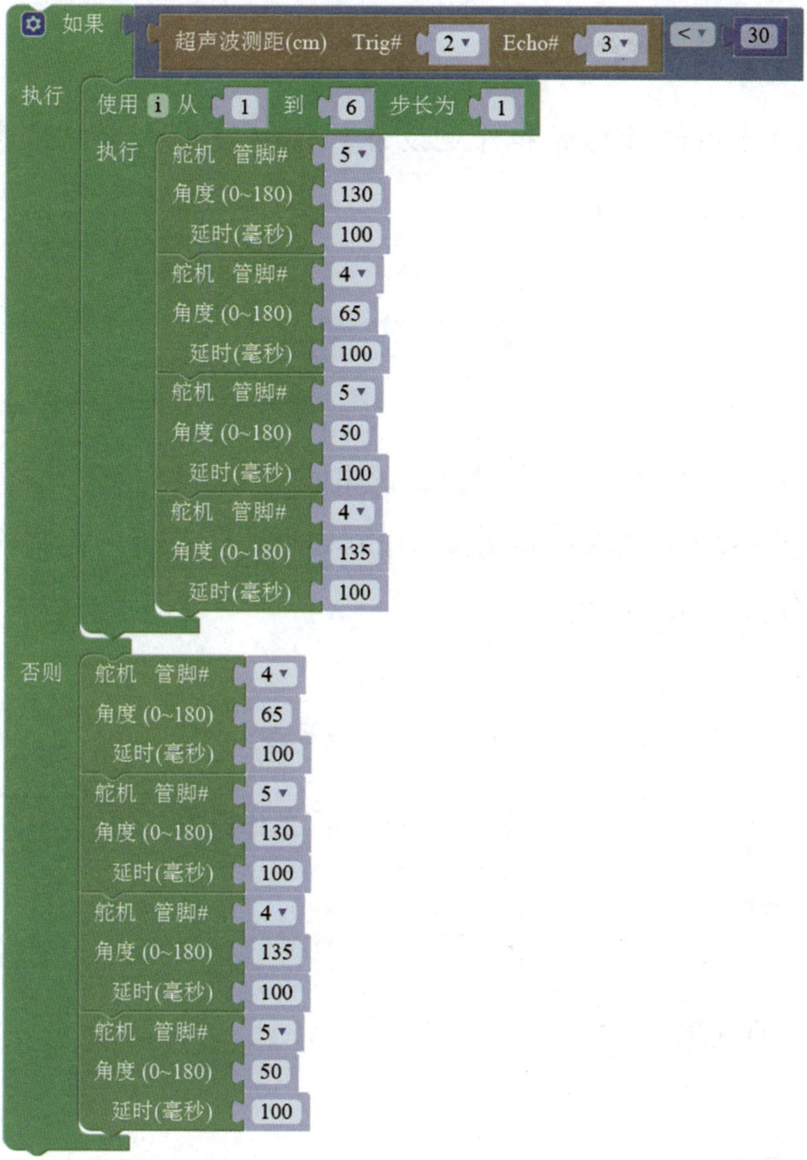

图4-16 完整程序

上传程序，带上自己制作的机械小虫和同学们进行一场"小虫快跑"的比赛吧！

对你的作品进行总成和外观设计。建议使用生活中容易获取的节能环保材料进行制作。

项目实施

请各小组根据本组的项目选题及拟定的项目方案，结合本课所学知识，进一步完善该项目方案中的各项学习活动，并制作本组选定项目的作品，并填写表4-8。

表4-8 项目实施日志

流程	事项	工作日志
1	准备材料	
2	连接组件	
3	编写程序	
4	测试优化	
5	美化外观	
6	撰写报告	

成果交流

请各小组将所完成的项目学习成果在小组和班级中进行展示与交流，并在表4-9中对自己的成果作出评价。

表4-9　成果评价表

评价指标	指标说明	优（17~20分）	良（13~16分）	中（9~12分）	差（0~8分）
创新性	能有创意地解决所面对的问题，这个问题目前市面上未有妥善的解决方案，或对目前已有的解决方案进行了显著的改善和创新。				
实用性	方案严谨合理，技术上可行，符合成本效益，制作方法、流程高效灵活，所实现的功能契合所选主题的需求。				
技术水平	对难题的理解及方案的提出，具有与课题相关较高的知识水平。在方案实现的过程中，具备较高的软硬件知识水平，对已有的工艺或技术进行了改进，实现技术创新。				
艺术性	对作品的外形和色彩搭配有适当的审美考虑。材料及设计符合安全要求，作品易于被用户控制及使用。				
演示及回应	作品展示资料充足，简洁准确，语言流畅，组员间能互相配合。回答问题时，对问题理解准确，思路清晰，反应迅捷，逻辑严密。				
总分					

活动评价

请各小组根据本组的项目选题、拟定的项目方案、实施情况及所形成的成果，对自己的学习活动进行评价和总结，并填写表4-10和表4-11。

表4-10　项目学习自我评价表

编号	内容	掌握程度
1	我能通过分析合理规划项目	☆☆☆☆☆
2	我能与同组的同学合理分工完成任务	☆☆☆☆☆
3	我能运用合理的方法解决问题	☆☆☆☆☆
4	我能和小组其他成员合作制作完成作品	☆☆☆☆☆
5	我能将自己的作品与其他小组分享	☆☆☆☆☆
6	我能准确介绍自己作品的功能、特点	☆☆☆☆☆

表4-11　项目学习自我总结表

项目主题					
学生姓名		学号		日期	
小组成员					

自我总结
在该项目中我所完成的任务是＿＿＿＿＿＿＿＿＿＿＿＿＿＿＿＿＿＿＿＿
该项目所涉及的学习领域有＿＿＿＿＿＿＿＿＿＿＿＿＿＿＿＿＿＿＿＿＿
项目实施过程中我遇到的困难有＿＿＿＿＿＿＿＿＿＿＿＿＿＿＿＿＿＿ ＿＿＿＿＿＿＿＿＿＿＿＿＿＿＿＿＿＿＿＿＿＿＿＿＿＿＿＿＿＿＿＿＿＿
我克服困难的方法是＿＿＿＿＿＿＿＿＿＿＿＿＿＿＿＿＿＿＿＿＿＿＿＿ ＿＿＿＿＿＿＿＿＿＿＿＿＿＿＿＿＿＿＿＿＿＿＿＿＿＿＿＿＿＿＿＿＿＿
关于整体分工和合作情况，其他小组值得我们学习的是＿＿＿＿＿＿ ＿＿＿＿＿＿＿＿＿＿＿＿＿＿＿＿＿＿＿＿＿＿＿＿＿＿＿＿＿＿＿＿＿＿
关于项目的选题、实施、成果和展示，其他小组值得我们借鉴的是＿＿ ＿＿＿＿＿＿＿＿＿＿＿＿＿＿＿＿＿＿＿＿＿＿＿＿＿＿＿＿＿＿＿＿＿＿
通过该项目学习，我的收获是＿＿＿＿＿＿＿＿＿＿＿＿＿＿＿＿＿＿＿ ＿＿＿＿＿＿＿＿＿＿＿＿＿＿＿＿＿＿＿＿＿＿＿＿＿＿＿＿＿＿＿＿＿＿
通过该项目学习，我知道自己的优势在于＿＿＿＿＿＿＿＿＿＿＿＿＿ ＿＿＿＿＿＿＿＿＿＿＿＿＿＿＿＿＿＿＿＿＿＿＿＿＿＿＿＿＿＿＿＿＿＿
我还需要继续努力的方面有＿＿＿＿＿＿＿＿＿＿＿＿＿＿＿＿＿＿＿＿ ＿＿＿＿＿＿＿＿＿＿＿＿＿＿＿＿＿＿＿＿＿＿＿＿＿＿＿＿＿＿＿＿＿＿
如果再做一次该项目，我会做出的调整是＿＿＿＿＿＿＿＿＿＿＿＿＿ ＿＿＿＿＿＿＿＿＿＿＿＿＿＿＿＿＿＿＿＿＿＿＿＿＿＿＿＿＿＿＿＿＿＿

第5课 智能小车

一个世纪前,有种机器能够自动行走,从此人类的出行方式改变了,空间距离感改变了,世界也改变了。它是百余年来人类科技最伟大的发明之一。它一经诞生就渗透到人类的生活之中,它就是汽车!伴随着人类科技的发展和进步,汽车在外形、功能、安全、舒适等方面也发生了巨大的改变。

图5-1 人类生活的各种汽车

本节课通过开展"智能小车"项目学习活动,了解现代汽车的发展历程,了解小车的运行原理。学习在小车中运用各种传感器来感知外部环境,再通过控制板的判断处理,反馈给小车。通过网络调研发现当前汽车设计存在的问题,分析问题,提出自己的解决方案。

在实际项目进行的过程中,学会运用观察、比较、分析、综合、抽象、概括、判断、推理等思维方法,描述项目、设计方案、讨论交流、探究学习,从而完成项目作品的制作,并进行评价与分享,形成良好的学习和思维习惯,培养自己发现问题、提出问题、解决问题的能力。

项目目标

通过学习"智能小车"项目，了解小车的运行原理，学习在小车中运用各种传感器来感知外部环境，再通过控制板的判断处理，反馈给小车。通过网络调研发现当前汽车出现的问题，分析问题，提出自己的解决方案。

项目范例

在商场里有各式各样的玩具小车，虽然它们造型各异，但是功能却很单一。如果我们可以改装一辆自己的玩具小车就好了，给小车装上各种传感器，让它拥有不同的功能，变得更加智能。

如何制作一辆智能的玩具小车呢？通过观察、分析和上网搜索资料，发现需要解决以下问题。

问题一：如何让玩具小车动起来？需要什么设备？

问题二：如何控制玩具小车的速度？

问题三：怎样实现玩具小车的转弯呢？

1. 主题

智能小车。

2. 内容

通过开展"智能小车"项目学习活动,认识直流减速电机,掌握直流减速电机的使用方法,掌握电机驱动板的使用方法;掌握超声波传感器模块的使用方法;通过编写程序控制小车的前进、后退、转弯;能够设计相应的控制程序,掌握作品系统总成的方法。

3. 规划

根据项目范例的主题及内容要求,制订项目学习规划。

表5-1 "智能小车"项目规划

能实现的功能	前进、后退、转弯
	识别障碍
应用场景	平坦而有障碍的地面
需要用到的核心设备	Arduino UNO控制板及扩展板
	直流减速电机
	电机驱动板
	超声波传感器

为了更好地规划自己的作品,达到事半功倍的效果,我们可以根据以上的规划设计一个思维导图,以便整理思路,如图5-2所示。

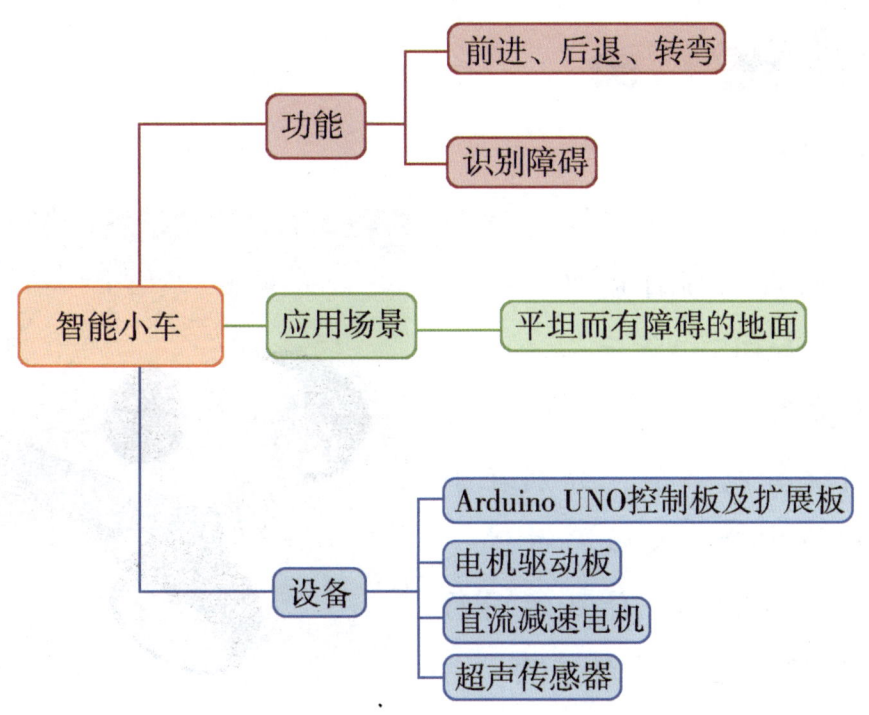

图5-2 "智能小车"项目总体设计思维导图

4．探究

根据问题的指引和项目学习规划的安排，"智能小车"项目学习探究活动内容如表5-2所示。

表5-2 "智能小车"项目学习探究活动内容

探究学习内容	探究学习活动	知识技能
直流减速电机	查阅资料，观察、分析和操作	认识直流减速电机，了解直流减速电机的应用
电机驱动板	查阅资料，观察、分析和操作	认识电机驱动板，并掌握电机驱动板与Arduino UNO控制板的连接
超声波传感器	查阅资料，观察、分析和操作	掌握超声波传感器的使用方法
智能小车主控程序设计	抽象、概括和推理	能够设计相应的控制程序
智能小车系统总成的方法和步骤	操作，概括	掌握作品系统总成的方法

成 果

1. 展示

展示在项目范例探究过程中逐步形成的项目成果——智能小车，如图5-3所示。

2. 交流

围绕智能小车，分别在小组和班级中开展交流，并进一步探讨智能小车有什么不同的功能，以及在生活中的应用。

图5-3　智能小车

3. 评价

根据表5-2"智能小车"项目学习探究活动内容对项目范例学习过程和成果作品进行自评和互评。

项目选题

请以2人为一组进行项目探究学习。主题可从下列参考主题中选择，也可小组商讨确定。

参考主题：

主题一：避障小车。

主题二：防跌落小车。

主题三：循迹小车。

自定主题：＿＿＿＿＿＿＿＿＿＿

项目规划

参照项目范例的样式，制订本小组的项目方案。请将小组的规划方案填写到表5-3中。

表5-3 项目规划方案

试着画一下自己的项目设计思维导图吧！

1. 项目主题	
2. 要解决的核心问题	
3. 我设计的小车具备的功能（可以多选）	□避障　　□循迹 □其他：＿＿＿＿＿＿
4. 我设计的小车将应用于	□游戏　　□救灾 □其他：＿＿＿＿＿＿
5. 需要用到的核心设备	
6. 需要学习的知识或技能	
7. 开展项目学习的方法	
8. 进度安排表	
9. 学习资源获取途径及获得指导的途径	
10. 可能会遇到的困难	
11. 预期成果	

方案交流

各小组将完成的方案在班级中进行展示交流，师生根据交流情况，跟随下列问题的引导，共同完善本组的研究方案。

我们方案的优点是＿＿＿＿＿＿＿＿＿＿＿＿＿＿＿＿＿＿＿＿＿＿
＿＿＿＿＿＿＿＿＿＿＿＿＿＿＿＿＿＿＿＿＿＿＿＿＿＿＿＿＿＿

我们的方案需要补充的地方有＿＿＿＿＿＿＿＿＿＿＿＿＿＿＿＿
＿＿＿＿＿＿＿＿＿＿＿＿＿＿＿＿＿＿＿＿＿＿＿＿＿＿＿＿＿＿

我认为还有更好的方案，我们可以（怎么做）＿＿＿＿＿＿＿＿
＿＿＿＿＿＿＿＿＿＿＿＿＿＿＿＿＿＿＿＿＿＿＿＿＿＿＿＿＿＿

探究活动

① 智能小车的设计

在现实中，汽车是靠发动机带动轮子动起来的，在行驶过程中的通过转动方向盘来改变前进方向。我们自己制作的玩具小车又是怎样运动的呢？怎样控制玩具小车的前进方向呢？

要小车动起来，就一定要有能转动轮子的硬件。仔细找一找，在我们的身边就有一些可以转动的物品，比如电风扇、搅拌机等。

我们的智能小车可以利用直流减速电机来转动轮子。把直流减速电机连接到Arduino UNO控制板上，通过编写程序来控制直流减速电机的转动方向和转速，从而控制小车的运动；也可以通过传感器来感知小车的外部环境，再输入信号到Arduino UNO控制板，在控制板里进行判断处理，再输出信号到直流减速电机。智能小车的设计思路如图5-4所示。

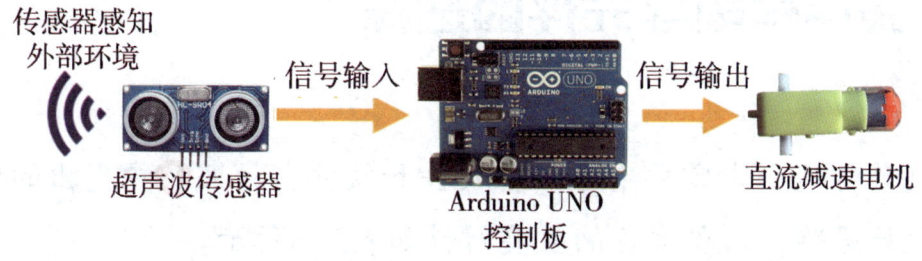

图5-4　智能小车设计思路

请观察日常生活中的一些现象，找出与智能小车设计思路类似的装置，并填在表5-4中。

表5-4 日常生活中能感知外部环境的装置

编号	装置	工作原理
1		
2		
3		
4		

❷ 硬件与电子元件的选择

制作智能小车需要准备一些硬件和软件，按照❶中提出的智能小车设计思路，需要准备的主要材料如表5-5所示。

表5-5 制作智能小车所需硬件材料清单

编号	名称	数量	备注
1	Arduino UNO控制板	1块	控制设备
2	Arduino UNO扩展板	1块	扩展管脚数
3	直流减速电机	2个	驱动小车
4	电机驱动板	1块	驱动电机
5	超声波传感器	1块	探测障碍
6	USB数据线	1条	传输数据
7	杜邦线	若干	连接硬件
8	6 V电源组	1个	供电
9	小纸盒	1个	制作车体
10	黏合剂、胶布	若干	制作外形
11	圆珠笔芯	1根	制作车轴
12	吸管	1根	制作车轴

 放大镜

直流减速电机

直流减速电机有不同的尺寸和作用，本项目所使用的是小型的直流减速电机，在很多的模型玩具上使用的都是小型直流减速电机，如图5-5所示。直流减速电机内部由磁

图5-5 直流减速电机

铁、转子和碳刷等组件组成,将电机的正、负极和电源相连,即可控制电机的正转和反转。

电机驱动板

电机直接接电源,可以实现正转和反转。当电机要和Arduino UNO控制板连接时,要控制电机的转速和方向,就需要一个电机驱动板,如图5-6所示。

L298N驱动板是常用的电机驱动板,它使用简便,可以驱动并控制两个直流减速电机的正反转。每一个电机都有三个控制管脚,控制1号电机的"ENA""IN1""IN2";控制2号电机的"ENB""IN3""IN4"。其中"ENA""ENB"控制电机的转速。以1号电机为例,各引脚和电机的运转关系,如表5-6所示。

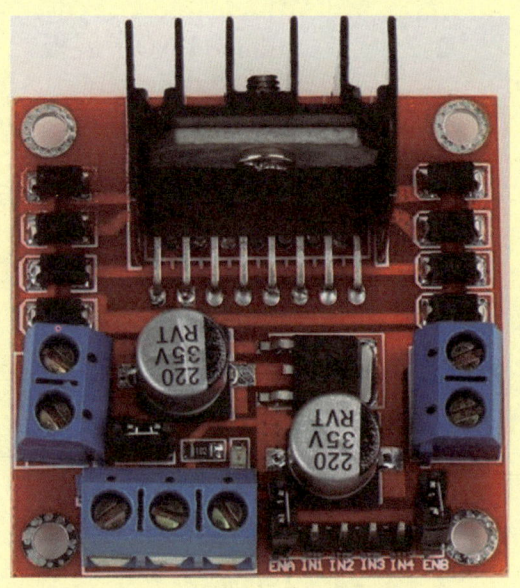

图5-6 电机驱动板

表5-6 电机驱动板管脚与电机工作状态的关系

ENA	IN1	IN2	电机工作状态
大于0	高	低	正转
大于0	低	高	反转
等于0	高	低	停止
等于0	低	高	停止

 观 察

请观察日常生活中的一些现象,找出超声波传感器和直流减速电机的应用,并填在表5-7中。

表5-7 电子模块的应用实例

编号	超声波传感器	直流减速电机
1		
2		
3		
4		
5		

❸ 动手做项目:硬件连接

 实 践

在做好硬件准备之后,我们便可以进行硬件的物理线路连接。具体步骤和方法如下:

1. 直流减速电机与电机驱动板的连接

将直流减速电机和电机驱动板连接起来，如图5-7所示。

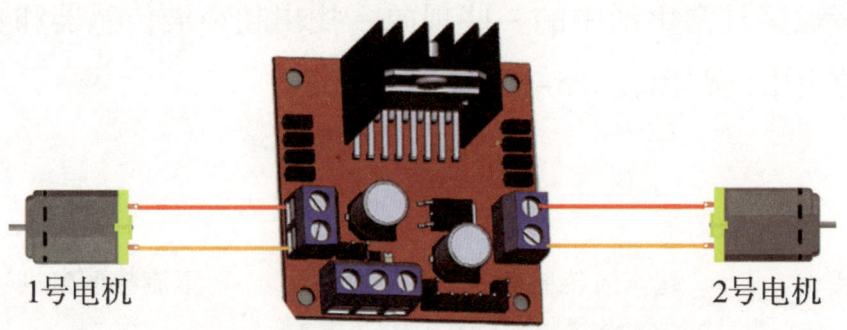

图5-7　电机与电机驱动板的连接

2. 电机驱动板与Arduino UNO控制板的连接

电机驱动板有六个控制电机的管脚，分别是控制1号电机的"ENA""IN1""IN2"，控制2号电机的"ENB""IN3""IN4"。电机驱动板与Arduino UNO扩展板的连接如表5-8所示。

表5-8　电机驱动板控制接口

电机驱动板管脚	1号电机			2号电机		
	ENA	IN1	IN2	ENB	IN3	IN4
Arduino UNO扩展板管脚	9号数字管脚	8号数字管脚	7号数字管脚	3号数字管脚	5号数字管脚	4号数字管脚

电机驱动板需要Arduino UNO扩展板供电，所以要接上"5V"和"GND"两个管脚，如图5-8所示。

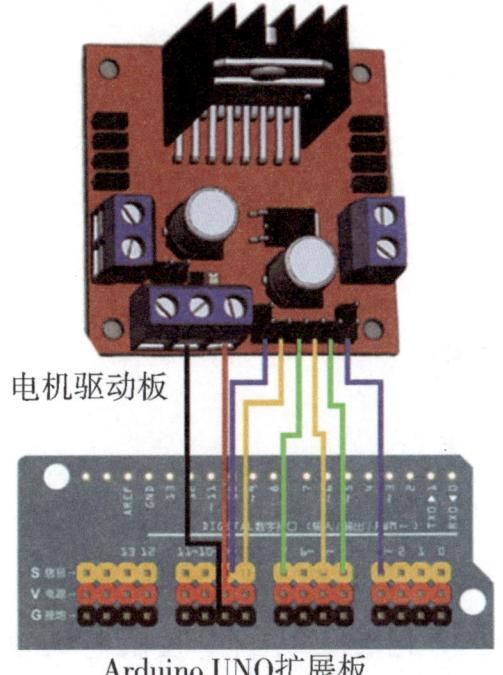

电机驱动板

Arduino UNO扩展板

图5-8 电机驱动板与控制板的连接

3. 超声波传感器的连接

超声波传感器有4个管脚，分别是"VCC""GND""Trig""Echo"。"VCC"管脚接"+"极管脚，"GND"管脚接"-"极管脚。"Trig"管脚接10号数字管脚，"Echo"管脚接11号数字管脚，如图5-9所示。

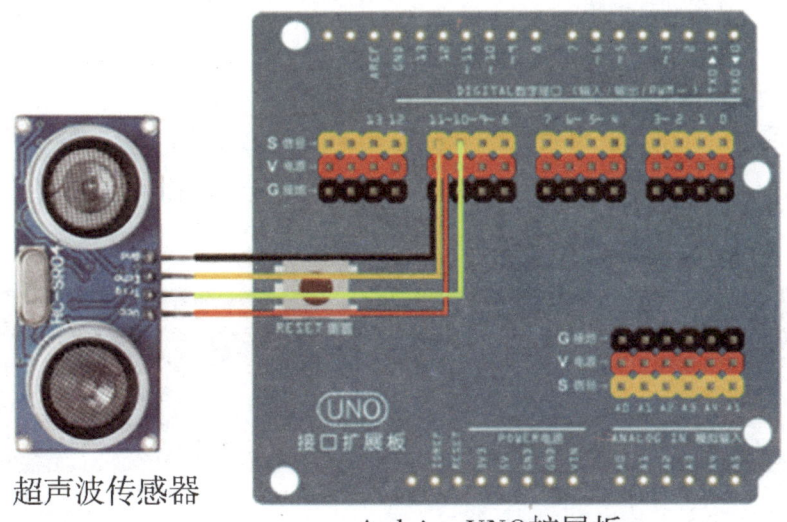

超声波传感器　　　　Arduino UNO扩展板

图5-9 超声波传感器与扩展板的连接

❹ 动手做项目：编写程序

根据❶所描述的设计思路，编写程序，让小车动起来吧！

1. 让小车走直线

以1号电机为例，我们知道，电机驱动板的"ENA"管脚连接9号数字管脚，"IN1"管脚连接8号数字管脚，"IN2"管脚连接7号数字管脚。其中，"ENA"管脚是控制电机转速的，转速的设定值范围是0～255。"IN1"和"IN2"管脚一起控制电机的转动方向。控制指令如图5-10所示。

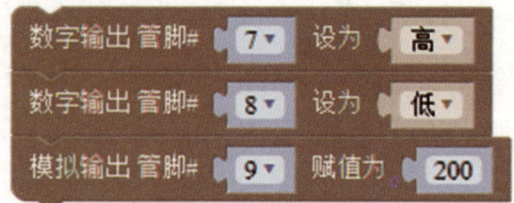
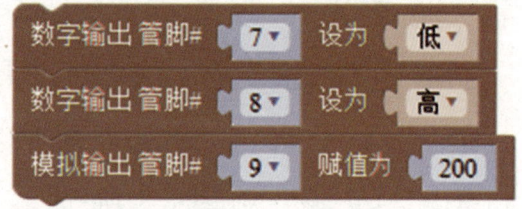

（a）顺时针转动　　　　　　　　（b）逆时针转动

图5-10　电机转动方向的控制

同理，我们可以把2号电机的程序也编写好，如图5-11所示。再上传到控制板中，接通电源，试一试你的小车能动起来吗？

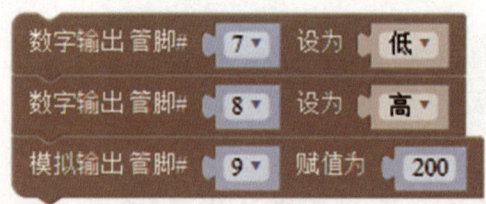

（a）1号电机程序　　　　　　　　（b）2号电机程序

图5-11　电机控制程序

 望远镜

调试智能小车

小车动起来后,是否发现和原来预想的不一样呢?

(1) 为什么小车在原地打转呢?

因为直流减速电机和电机驱动板的连接没有区分正负极,所以每个电机的转动方向是不确定的,这就需要我们在测试中不断地调整电机的转动方向。

(2) 为什么小车不能走直线呢?

小车的左右两个轮子分别由1号和2号电机驱动,但是这两个电机的性能不会完全相同,所以两个电机可能赋值一致但转速不一样,这就导致小车方向发生偏移。

最简单的解决方法是对两个电机的转速进行微调,多次测试,直到小车走直线为止。

2. 让小车转弯

我们知道,当小车的两个轮子转速一样时,小车是走直线的。所以当两个轮子的转速不一样时,小车就会转弯了,原理如图5-12所示。

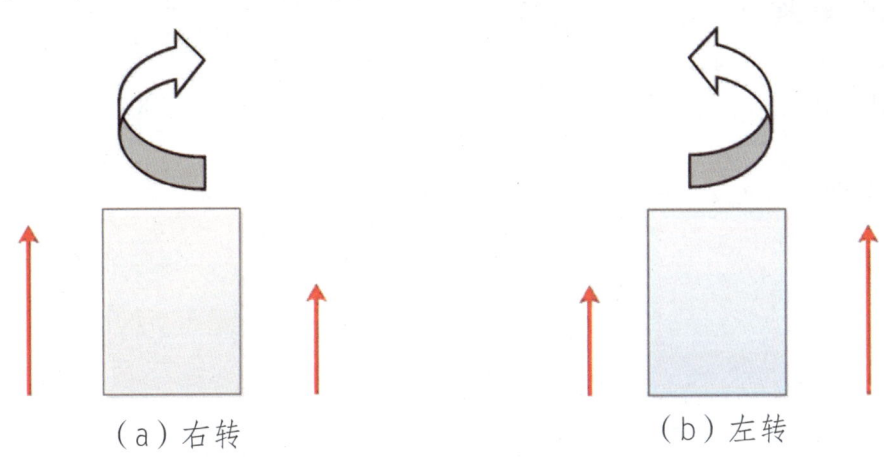

(a) 右转　　　　　　　　(b) 左转

图5-12 小车的转弯原理

当右轮的转速比左轮慢时，小车往右转；当右轮的转速比左轮快时，小车往左转。

根据上述原理，参照图5-13程序，改变左右电机的转速数值和延时时间，让小车实现走直线10秒后，向右转90°，再向左转90°，并完成表5-9。

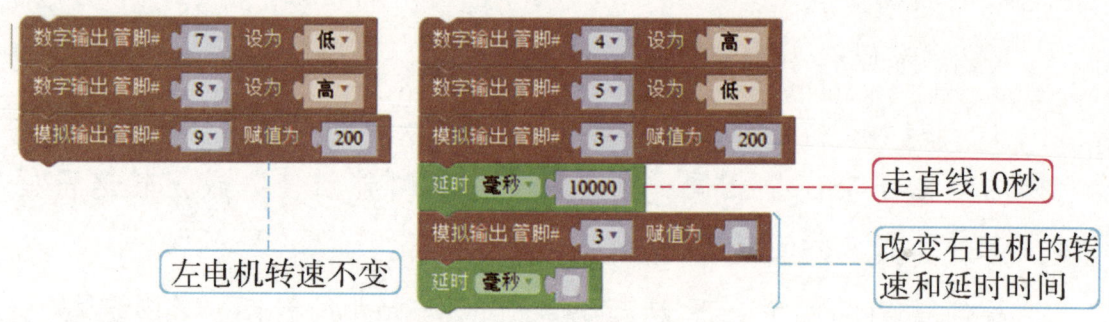

图5-13 小车转弯参考程序

表5-9 小车转弯任务探究

项目	向右转90°	向左转90°
左电机转速	200	
右电机转速		200
延时时间		

3. 避障小车

 流程图

同学们，现在我们的小车能够按照程序运动了，接下来我们要让它更加智能，把它改造为避障小车，当它检测前方有障碍物时会转弯避开障碍物。

避障小车的设计流程如图5-14所示。

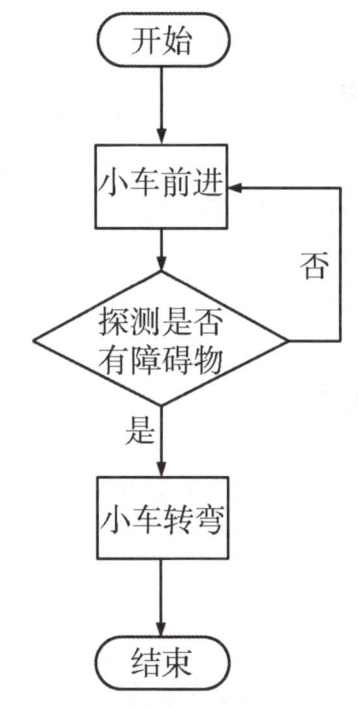

图5-14 避障小车设计流程图

 程　　序

参照让小车走直线和让小车转弯的程序，当超声波传感器检测到障碍物时，指令 `超声波测距(cm) Trig# 10 Echo# 11` 的检测数值

电子玩具设计与制作

小于或等于10，这时小车的右电机转速为100，持续0.5秒。小车完成转弯，继续直走，程序如图5-15所示。

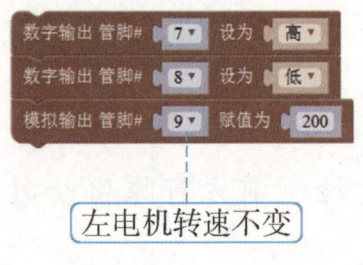
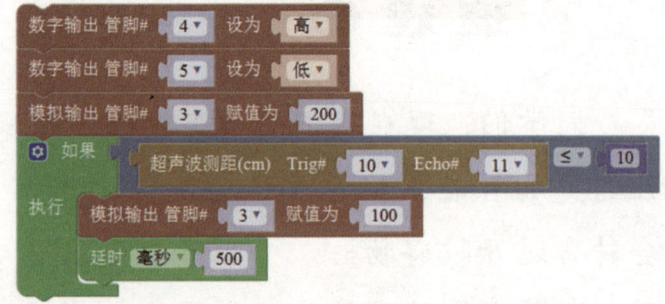

图5-15 小车避障程序

上传程序，在平地上运行小车。检测小车是否能走直线和转弯？在小车的前方放置一个障碍物，检测小车是否能避开障碍物？

对你的作品进行总成和外观设计。建议使用生活中容易获取的节能环保材料进行制作。

项目实施

请各小组根据本组的项目选题及拟定的项目方案，结合本课所学知识，进一步完善该项目方案的各项学习活动，制作本组选定项目的作品，并填写表5-10。

表5-10 项目实施日志

流程	事项	工作日志
1	准备材料	
2	连接组件	
3	编写程序	
4	测试优化	
5	美化外观	
6	撰写报告	

成果交流

请各小组将所完成的项目学习成果在小组和班级中进行展示与交流，并在表5-11中对自己的成果作出评价。

表5-11 成果评价表

评价指标	指标说明	优（17~20分）	良（13~16分）	中（9~12分）	差（0~8分）
创新性	能有创意地解决所面对的问题，这个问题目前市面上未有妥善的解决方案，或对目前已有的解决方案进行了显著的改善和创新。				
实用性	方案严谨合理，技术上可行，符合成本效益，制作方法、流程高效灵活，所实现的功能契合所选主题的需求。				
技术水平	对难题的理解及方案的提出，具有与课题相关较高的知识水平。在方案实现的过程中，具备较高的软硬件知识水平，对已有的工艺或技术进行了改进，实现技术创新。				
艺术性	对作品的外形和色彩搭配有适当的审美考虑。材料及设计符合安全要求，作品易于被用户控制及使用。				
演示及回应	作品展示资料充足，简洁准确，语言流畅，组员间能互相配合。回答问题时，对问题理解准确，思路清晰，反应迅捷，逻辑严密。				
总分					

活动评价

请各小组根据本组的项目选题、拟定的项目方案、实施情况及所形成的成果,对自己的学习活动进行评价和总结,并填写表5-12和表5-13。

表5-12　项目学习自我评价表

编号	内容	掌握程度
1	我能通过分析合理规划项目	☆☆☆☆☆
2	我能与同组的同学合理分工完成任务	☆☆☆☆☆
3	我能运用合理的方法解决问题	☆☆☆☆☆
4	我能和小组其他成员合作制作完成作品	☆☆☆☆☆
5	我能将自己的作品与其他小组分享	☆☆☆☆☆
6	我能准确介绍自己作品的功能、特点	☆☆☆☆☆

表5-13　项目学习自我总结表

项目主题					
学生姓名		学号		日期	
小组成员					
自我总结						

在该项目中我所完成的任务是_____

该项目所涉及的学习领域有_____

项目实施过程中我遇到的困难有_____
_____

我克服困难的方法是_____
_____

关于整体分工和合作情况，其他小组值得我们学习的是_____
_____

关于项目的选题、实施、成果和展示，其他小组值得我们借鉴的是___
_____

通过该项目学习，我的收获是_____
_____

通过该项目学习，我知道自己的优势在于_____
_____

我还需要继续努力的方面有_____
_____

如果再做一次该项目，我会做出的调整是_____
_____

第6课 舞动的皮影

皮影戏是中国民间古老的传统艺术，历史悠久，源远流长。皮影戏是让观众通过白色幕布，观看一种平面人偶的灯影表演的戏剧艺术形式。"皮影"是对皮影戏制品（包括人物、道具、景物）的通用称谓，通常是民间艺人用手工刀雕、彩绘而成。2011年，中国皮影戏入选人类非物质文化遗产代表作名录。

时至今日，传统的皮影艺术依旧存在着局限性，皮影的表演操控方式是其一。皮影的操耍技巧和唱功，是皮影戏水平高低的关键。而操耍和演唱都是经师傅心传口授和长期勤学苦练而成的，这就不利于皮影艺术的传承和推广。如果能够利用智能化控制简化皮影戏的表演形式，例如机器人表演皮影、电控皮影、唱曲皮影等，如图6-1所示，降低皮影戏的表演门槛，就会吸引更多的人去欣赏和学习皮影戏，为皮影戏的传承和发展提供良好的条件。

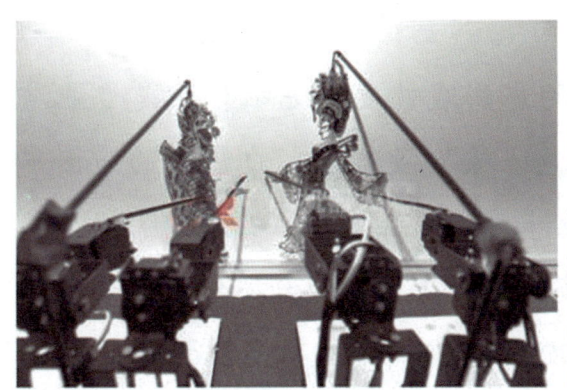 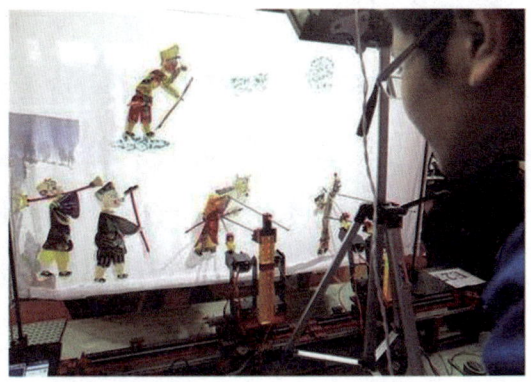

图6-1 智能化皮影表演

电子玩具设计与制作

本节课通过开展"舞动的皮影"项目学习活动，了解皮影戏的发展历史、皮影戏的种类和表演形式，了解并体验皮影的制作和皮影戏的表演流程，认识皮影戏的文化和艺术价值，思考智能化控制对中国传统艺术文化传承、发展的影响和作用。

在实际项目进行过程中，学会运用观察、比较、分析、综合、抽象、概括、判断、推理等思维方法，描述项目、设计方案、讨论交流、探究学习，共同完成项目作品的制作，并进行评价与分享，形成良好的学习和思维习惯，成为具有良好价值取向、较高思维品质和较强思维能力的人才。

项目目标

通过学习"电控皮影"项目，了解皮影戏的文化历史，体验皮影的制作流程，了解皮影戏的表演形式及特点，体验运用动力驱动模块对皮影进行操控。

项目范例

"咚咚锵，咚咚锵"，精彩的皮影戏就要开始啦！但是专业演员还没有到位，观众们只能干着急。唉！没办法，皮影戏的演出不仅要求皮影道具齐全，还需要专业演员的熟练操控。如果皮影操控的方式变得简单，那么皮影戏的表演就方便多了，观众不仅在剧场可以看皮影戏，在家还可以自己进行皮影表演，更能感受皮影戏的艺术特色。

问　题

如何设计一种方便操控的皮影呢？如果能够像游戏机一样，通过简单的遥控方式，控制皮影的移动和表演动作，这样既节省人力，又降低了皮影戏的学习和传播门槛，更容易被大众接受，有利于皮影戏文化的传承和推广。通过观察、分析和上网搜索资料，发现需要解决以下问题。

问题一：如何控制皮影在舞台中移动？

问题二：如何控制皮影各部位的动作？

1. 主题

电控皮影。

2. 内容

通过开展"电控皮影"项目学习活动，认识控制模块和驱动设备的联系；了解并掌握舵机、直流减速电机等驱动设备的使用方法；认识旋钮等控制模块，了解并掌握旋钮的使用方法；能够设计相应的控制程序，掌握作品系统总成的方法。

3. 规划

根据项目范例的主题及内容要求，制订项目学习规划，如表6-1所示。

表6-1 "电控皮影"项目规划

能实现的功能	控制皮影前后移动
	控制皮影各部位活动
应用场景	皮影舞台
需要用到的核心设备	Arduino UNO控制板与扩展板
	电机驱动板
	旋钮
	舵机
	直流减速电机

为了更好地规划自己的作品，达到事半功倍的效果，我们可以根据以上的规划设计一个思维导图，以便整理思路，如图6-2所示。

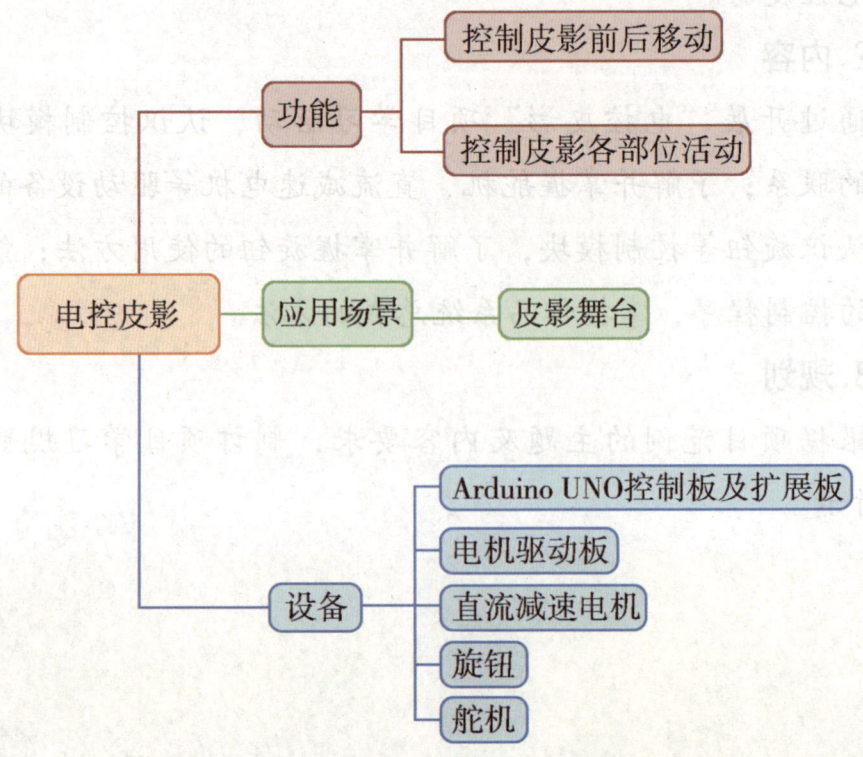

图6-2 "电控皮影"项目总体设计思维导图

4. 探究

根据问题的指引和项目学习规划的安排，"电控皮影"项目学习探究活动内容如表6-2所示。

表6-2 "电控皮影"项目学习探究活动内容

探究学习内容	探究学习活动	知识技能
电机驱动板	查阅资料，观察、分析和操作	认识电机驱动板，了解电机驱动板的使用方法
旋钮	查阅资料，观察、分析和操作	认识旋钮，了解旋钮的应用场景
舵机	查阅资料，观察、分析和操作	认识舵机，掌握舵机的使用方法
直流减速电机	查阅资料，观察、分析和操作	认识直流减速电机，掌握直流减速电机的使用方法
电控皮影主控程序设计	抽象、概括和推理	能够设计相应的控制程序
电控皮影系统总成的方法和步骤	操作，概括	掌握作品系统总成的方法。

1. 展示

展示在项目范例探究过程中逐步形成的项目成果——电控皮影，如图6-3所示。

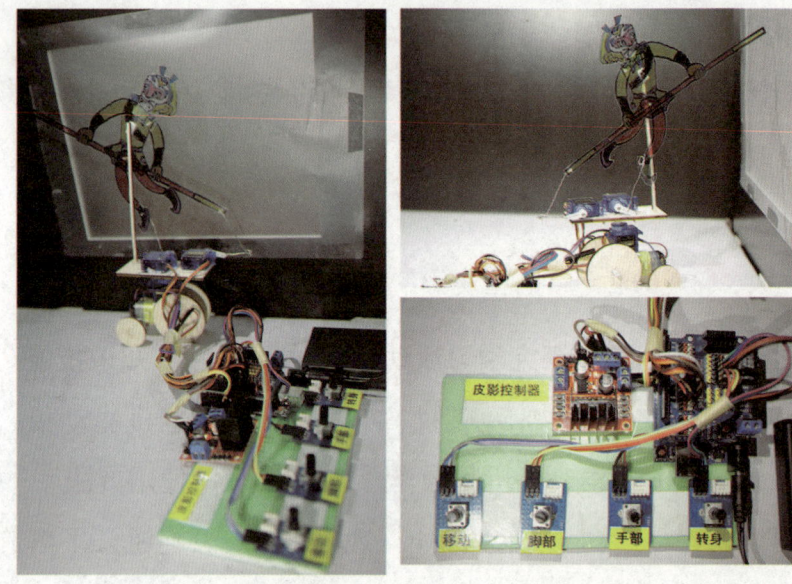

图6-3 电控皮影的不同部位

2.交流

围绕电控皮影,分别在小组和班级中开展交流,进一步探讨皮影的操控智能化对皮影戏的传承和推广的作用。

3.评价

根据表6-2"电控皮影"项目学习探究活动内容,对项目范例学习过程和成果作品进行自评和互评。

项目选题

请以2人为一组,从下列参考主题中选择一项进行项目探究学习。

参考主题:

主题一:唱曲皮影。

主题二:自动表演皮影。

自定主题:_____

项目规划

参照项目范例的样式,制订本小组的项目方案。请将小组的规划方案填写到表6-3中。

表6-3 项目规划方案

1. 项目主题	
2. 要解决的核心问题	
3. 我设计的皮影具备哪些功能?(可以多选)	□舞台移动 □表演动作 □发出声音 □其他:_____
4. 应用场景	
5. 需要用到的核心设备	
6. 需要学习的知识或技能	
7. 开展项目学习的方法	
8. 进度安排表	
9. 学习资源获取途径及获得指导的途径	
10. 可能会遇到的困难	
11. 预期成果	

试着画一下自己的项目设计思维导图吧!

方案交流

各小组将完成的方案在班级中进行展示交流,师生根据交流情况,跟随下列问题的引导,共同完善本组的研究方案。

我们方案的优点是＿＿＿＿＿＿＿＿＿＿＿＿＿＿＿＿＿＿＿＿＿
＿＿＿＿＿＿＿＿＿＿＿＿＿＿＿＿＿＿＿＿＿＿＿＿＿＿＿＿＿

我们的方案需要补充的地方有＿＿＿＿＿＿＿＿＿＿＿＿＿＿＿
＿＿＿＿＿＿＿＿＿＿＿＿＿＿＿＿＿＿＿＿＿＿＿＿＿＿＿＿＿

我认为还有更好的方案,我们可以(怎么做)＿＿＿＿＿＿＿＿
＿＿＿＿＿＿＿＿＿＿＿＿＿＿＿＿＿＿＿＿＿＿＿＿＿＿＿＿＿
＿＿＿＿＿＿＿＿＿＿＿＿＿＿＿＿＿＿＿＿＿＿＿＿＿＿＿＿＿

探究活动

① 电控皮影的设计

电控皮影是一种通过旋钮或红外遥控设备等元件的控制，进行移动和表演动作的皮影。项目最核心的两个问题是如何控制皮影在舞台中移动？如何控制皮影各部位的动作？

当我们遇到问题需要解决的时候，常常会观察生活中的一些现象。在我们对某些新知识还不是很了解的时候，我们可以采用模仿的方式来模拟真实的情境，如图6-4所示。

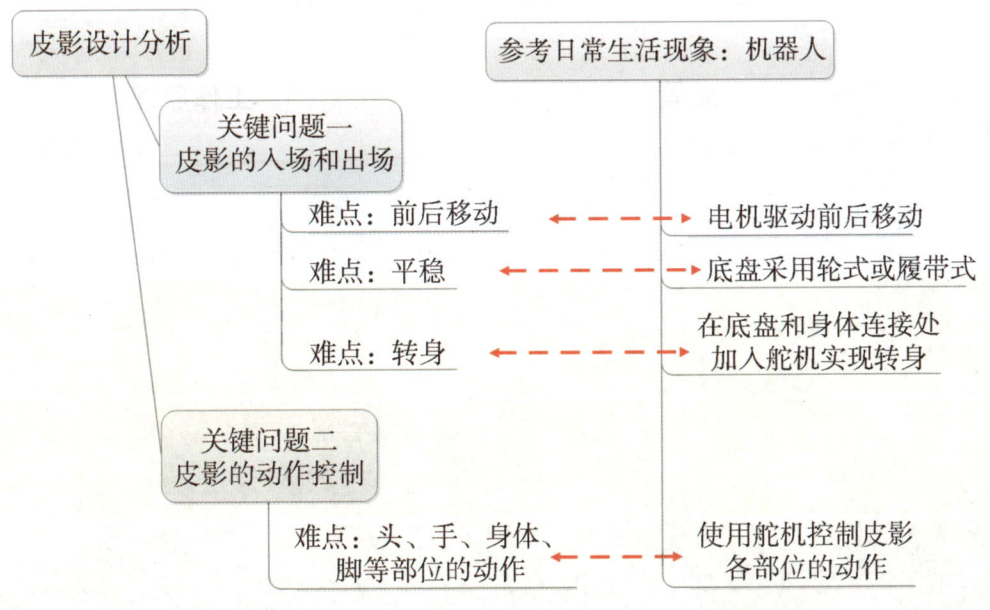

图6-4 电控皮影的制作问题可参考的现象

同理，皮影可以利用旋钮、摇杆或红外遥控器等模块进行控制，当旋钮发送模拟信号给控制板，控制板根据信号控制电机或舵机运转，从而控制皮影的移动和各部位的动作。电控皮影的设计思路如图6-5所示。

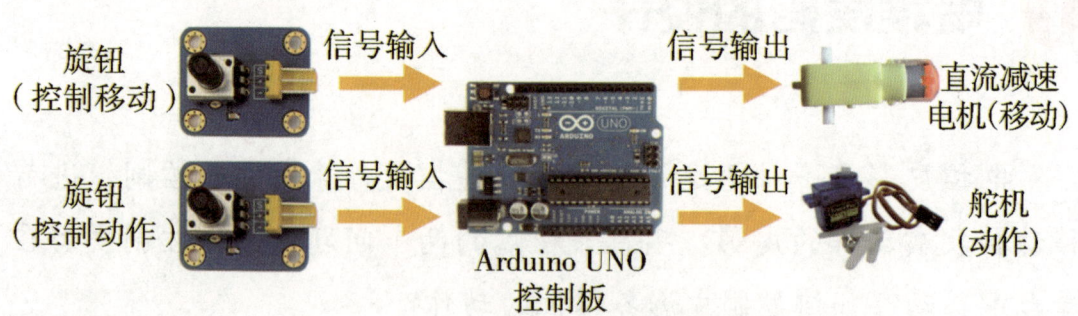

图6-5　电控皮影的设计思路

请观察日常生活中的一些现象，找出与皮影设计思路类似的装置，并填在表6-4中。

表6-4　日常生活中的动作控制装置

编号	装置	工作原理
1		
2		
3		
4		

❷ 硬件与电子元件的选择

制作电控皮影需要准备一些硬件和软件准备，按照❶中提出的电控皮影设计思路，需要准备的主要材料如表6-5所示。

表6-5 制作电控皮影所需硬件及材料清单

编号	名称	数量	备注
1	Arduino UNO控制板	1块	控制设备
2	Arduino UNO扩展板	1块	扩展管脚数
3	电机驱动板	1块	驱动电机
4	直流减速电机	2个	前后驱动
5	舵机	3个	动作驱动
6	旋钮	4块	控制
7	LED灯	若干	照明
8	杜邦线	若干	连接硬件
9	USB数据线	1条	传输数据
10	6 V电源组	1个	供电
11	透明胶片	若干	制作外形
12	涂色笔、剪刀、钳子、回形针、不干胶、鱼线	若干	制作外形、连接
13	白色幕布	1块	搭建戏台

旋　钮

旋钮是用手通过旋转控制的手动元件。根据功能要求可以连续多次旋转，旋转角度可达到360°，也可做定位旋转等。

旋钮管脚如图6-6所示。

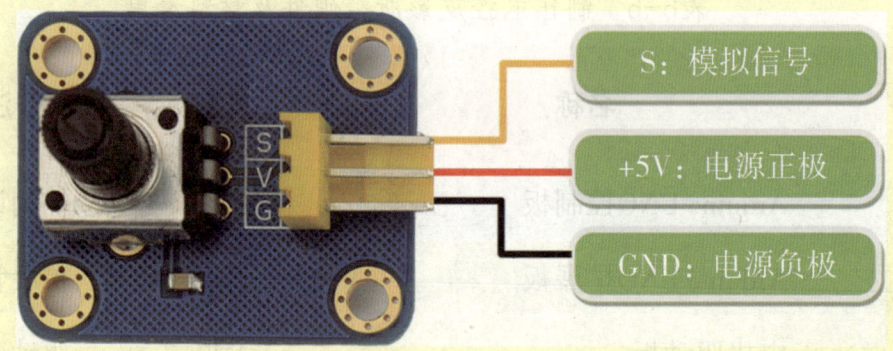

图6-6　旋钮的管脚

把旋钮与Arduino UNO控制板的模拟管脚连接，接线方式如图6-7所示。

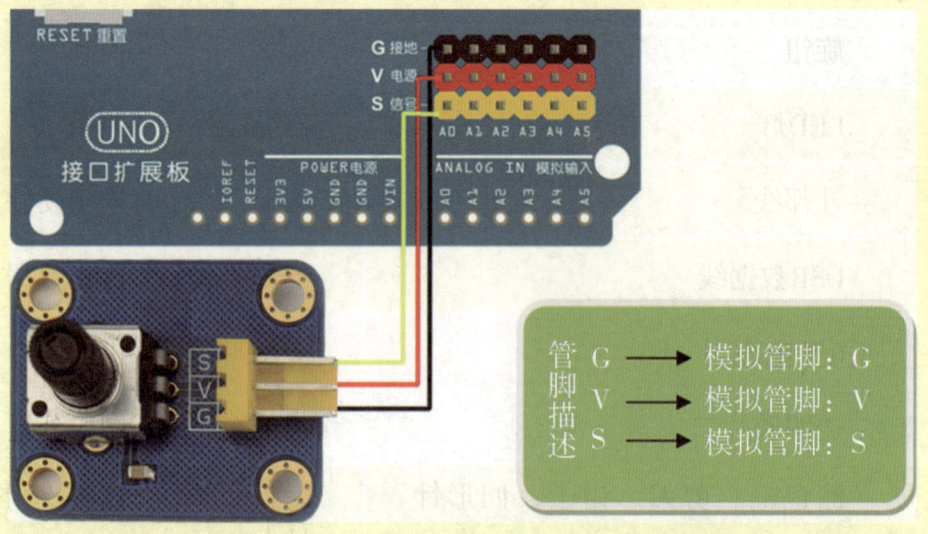

图6-7　旋钮与Arduino UNO扩展板连接

舵机的使用参考本书第4课《昆虫世界》。

电机的使用参考本书第5课《智能小车》。

请观察日常生活中的一些现象,找出各种类型的旋钮、舵机和电机的应用实例,并填在表6-6中。

表6-6　电子模块的应用实例

编号	旋钮	舵机	电机
1			
2			
3			

③ 动手做项目:硬件连接与外形设计

在做好硬件与材料准备后,便可以进行硬件的物理线路连接与作品的外形设计。

1.硬件连接

将三个舵机分别与Arduino UNO扩展板的4、5、6号数字管脚连接,将四个旋钮分别与扩展板的0、1、2、3号模拟管脚连接,如图6-8所示。

电子玩具设计与制作

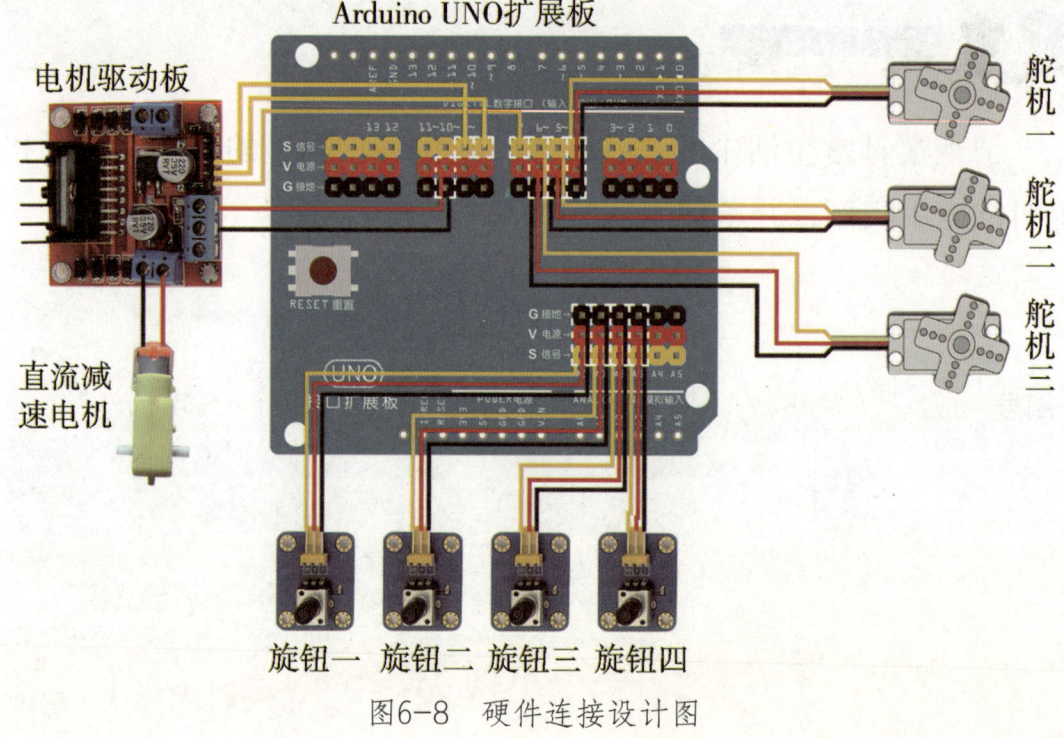

图6-8 硬件连接设计图

表6-7为电控皮影所用电子元件与Arduino UNO扩展板的管脚连线说明。

表6-7 硬件连接管脚说明

电子模块	电子模块管脚	扩展板管脚	管脚位置	作用
旋钮一	V	V	0号模拟管脚	控制皮影入场和出场
	G	G		
	S	S		
旋钮二	V	V	1号模拟管脚	控制手部动作
	G	G		
	S	S		
旋钮三	V	V	2号模拟管脚	控制脚部动作
	G	G		
	S	S		

（续表）

电子模块	电子模块管脚	扩展板管脚	管脚位置	作用
旋钮四	V	V	3号模拟管脚	控制皮影转身
	G	G		
	S	S		
舵机一	V	V	4号数字管脚	控制手部动作
	G	G		
	S	S		
舵机二	V	V	5号数字管脚	控制脚部动作
	G	G		
	S	S		
舵机三	V	V	6号数字管脚	控制皮影转身
	G	G		
	S	S		
电机驱动板	V	V	数字D10	控制电机
	G	G	数字D10	
	ENA	S	数字D7	
	IN1	S	数字D8	
	IN2	S	数字D9	
直流减速电机	V	V	电机驱动模块	控制皮影入场和出场
	G	G		

2.皮影的制作

（1）绘制图案、描图。

打印图案作为底稿，然后用油性笔在胶片上进行临摹，如图6-9所示。

（2）上色。

用彩色油性笔给胶片上色，如图6-10所示。

图6-9 画皮影

图6-10 给皮影上色

(3) 裁剪。

把画好的皮影部件裁剪出来,如图6-11所示。

(4) 皮影各部件的连接。

用铁线在皮影的连接部位钻孔,如图6-12所示。

图6-11 裁剪皮影

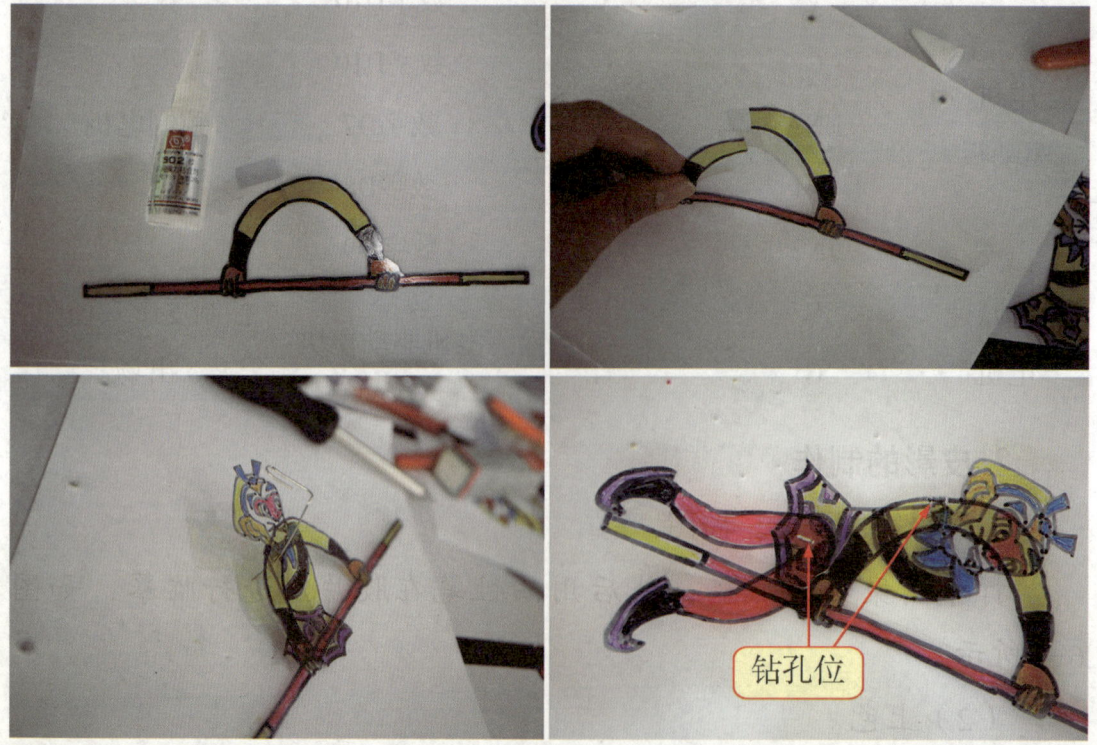

图6-12 在皮影连接部位钻孔

用鱼线将皮影各部位连接起来，如图6-13所示。

图6-13　连接皮影各部位

3.电控皮影的搭建

（1）平台搭建。

以木板作为皮影底座，木板与舵机固定在一起，作为角色转身的控制装置，如图6-14所示。

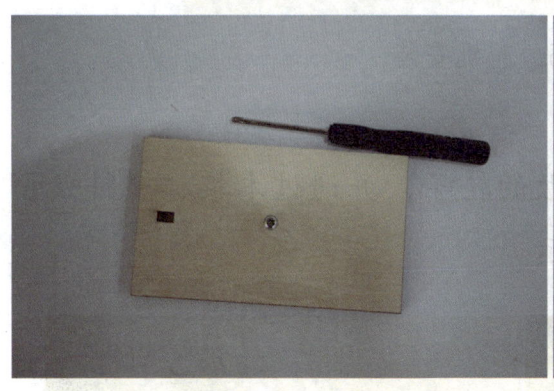
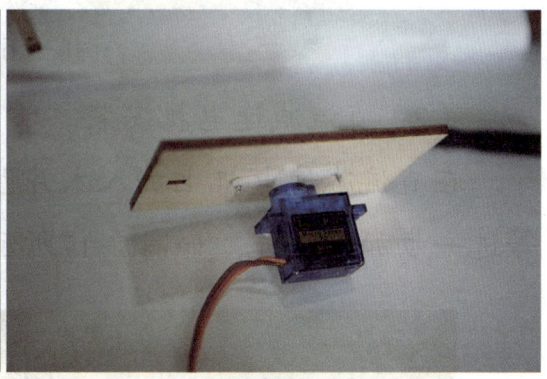

图6-14　皮影转身控制装置的制作

把木片用双面胶与皮影胶片连接，以便通过木片控制皮影动作。将木片插于底座上，用胶枪固定，使皮影固定在底座上，如图6-15所示。

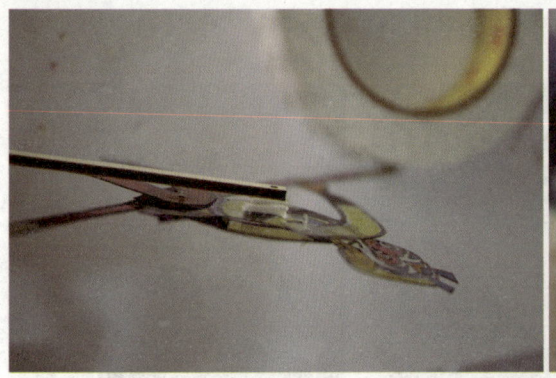
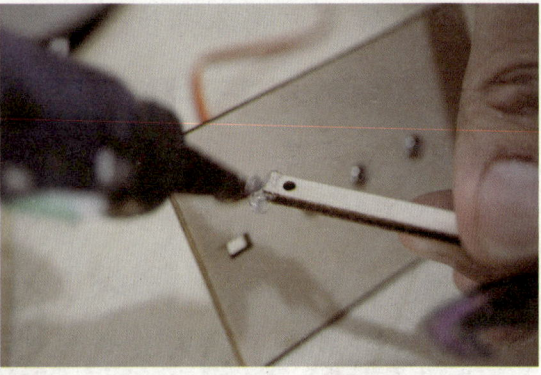

图6-15　皮影活动控制结构制作

然后在木板上固定舵机，如图6-16所示。

图6-16　舵机安装

（2）直流减速电机安装。

在直流减速电机上加入木片做的轮子，并通过木棍、塑料吸管等进一步加以改进，如图6-17所示。

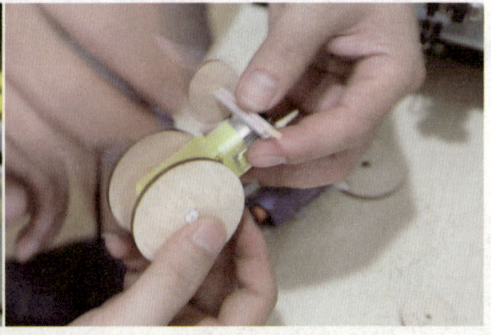

图6-17　轮子与电机连接

（3）皮影与舵机的连接。

舵机与皮影各部位的连接如图6-18所示。

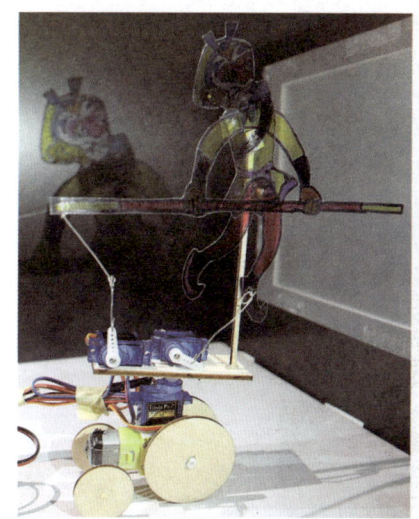
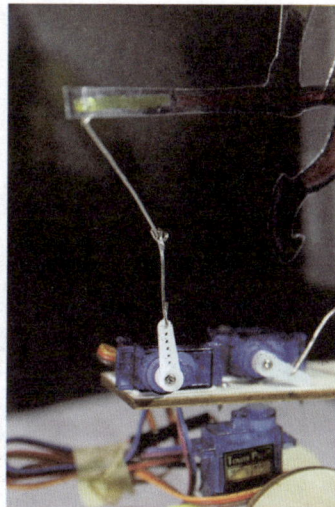
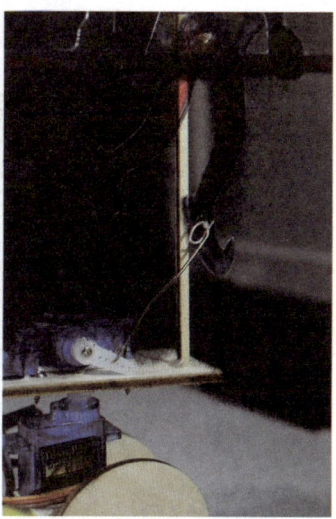

图6-18　皮影与舵机的连接

4.线路连接与控制板的制作

按照硬件线路设计图进行连接，整理线路并制作皮影活动控制板，将各控制元件摆放整齐，如图6-19所示。

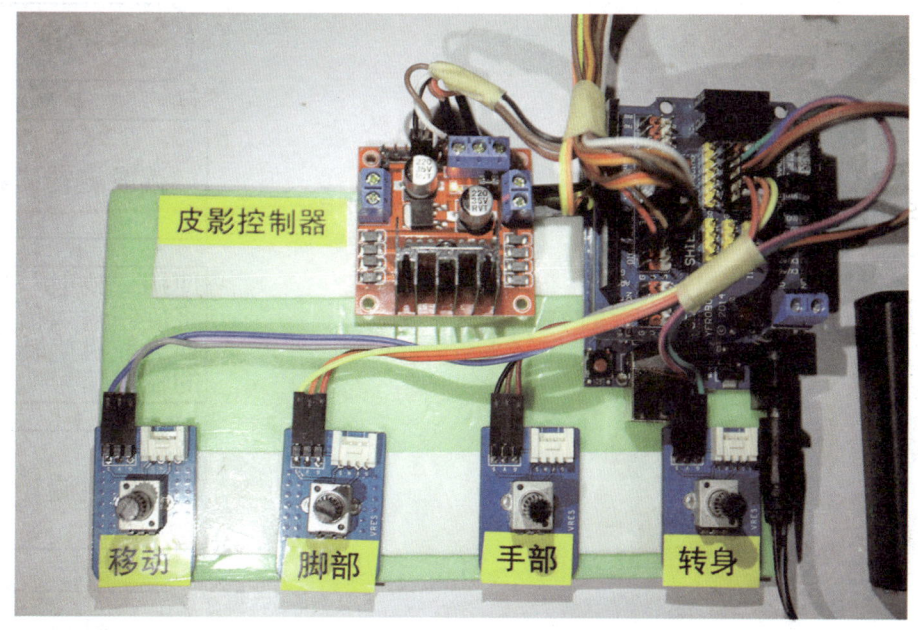

图6-19　皮影活动控制板

电子玩具设计与制作

5.完整作品

整理后的完整作品如图6-20所示。

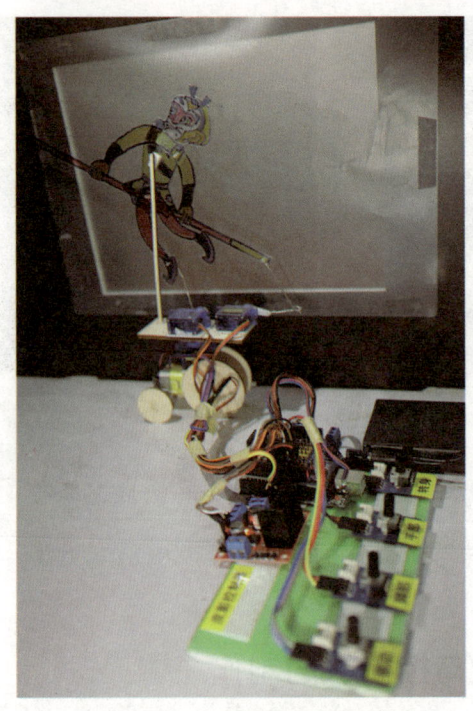

图6-20 电控皮影作品

④ 动手做项目：编写程序

根据❶所描述的设计思路，结合皮影的表演方法，编写程序，让皮影动起来吧！

1.皮影各部位的控制程序

舵机控制程序设计如图6-21所示。

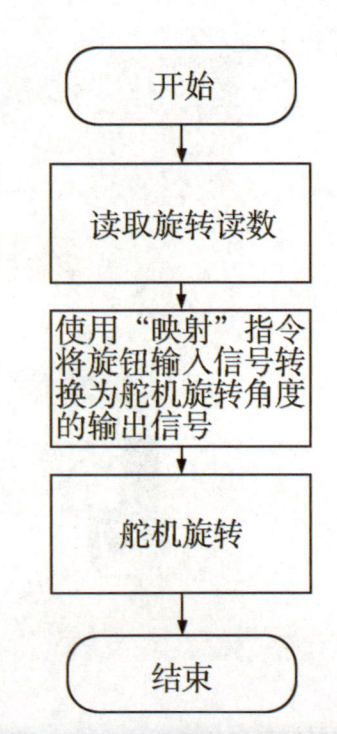

图6-21 舵机控制程序流程图

124

程 序

舵机控制指令如图6-22所示。

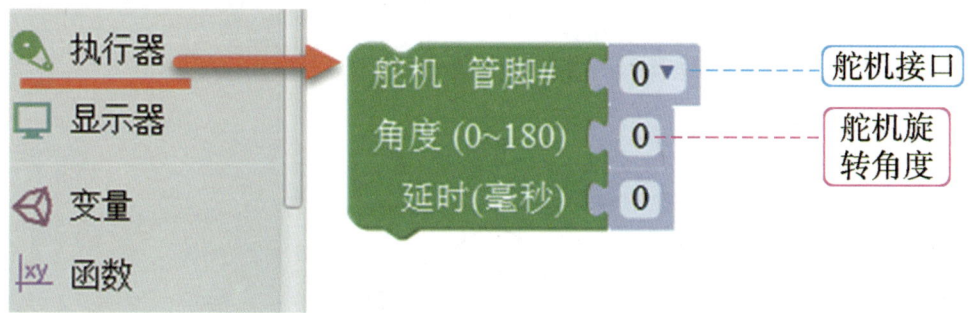

图6-22 舵机控制指令

转换旋钮输出信号值为旋转角度信号的"映射"指令，如图6-23所示。

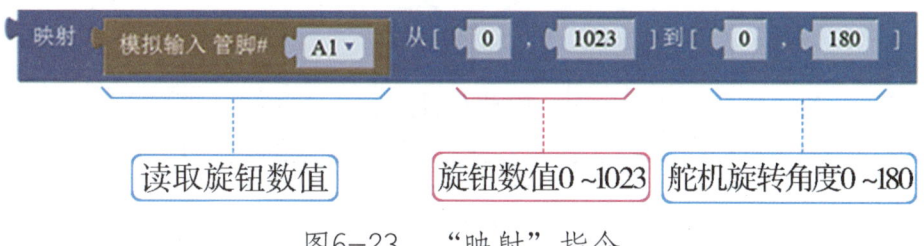

图6-23 "映射"指令

皮影手部、脚部动作与身体转动的程序如图6-24所示。

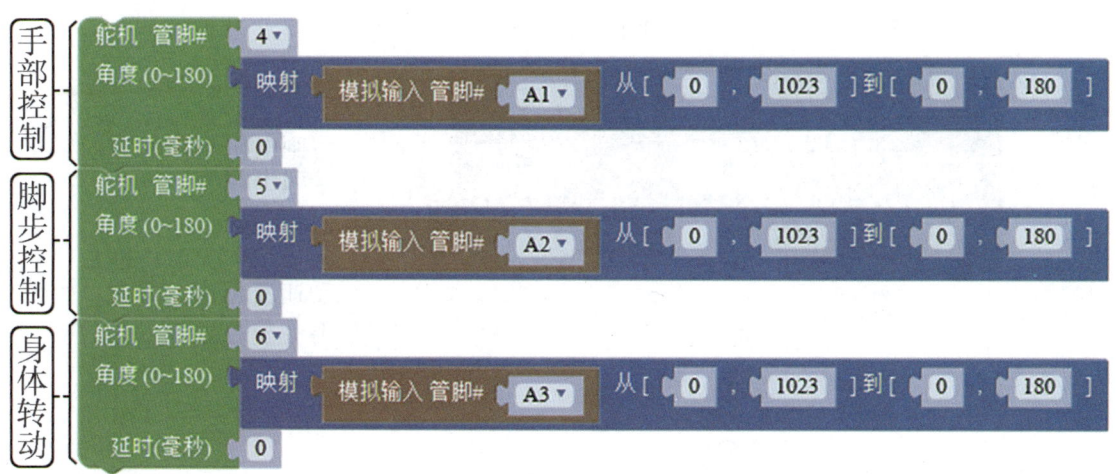

图6-24 皮影动作控制程序

2.皮影前后移动控制程序

电机控制程序流程图如图6-25所示。

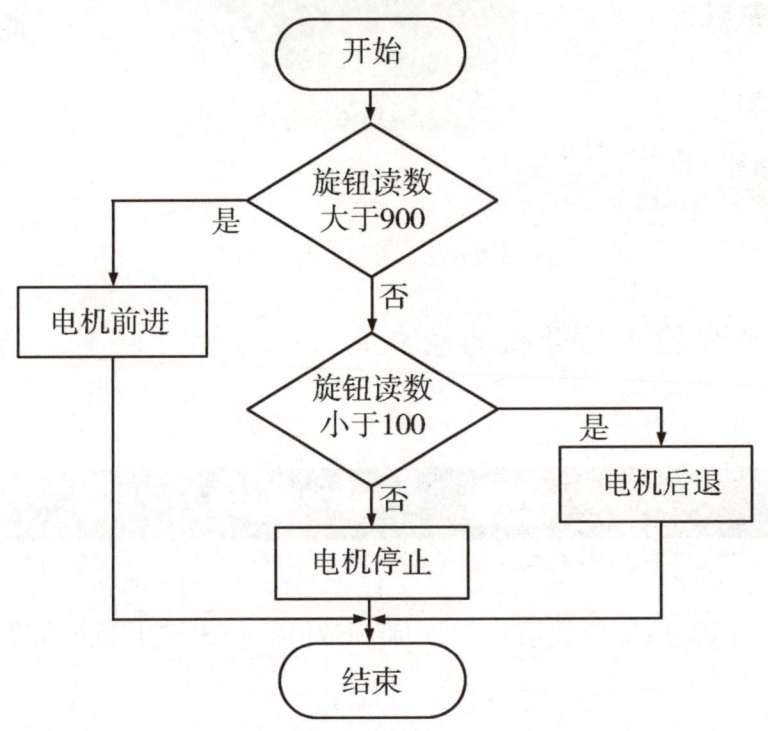

图6-25 直流减速电机控制程序

电机驱动程序如图6-26所示。

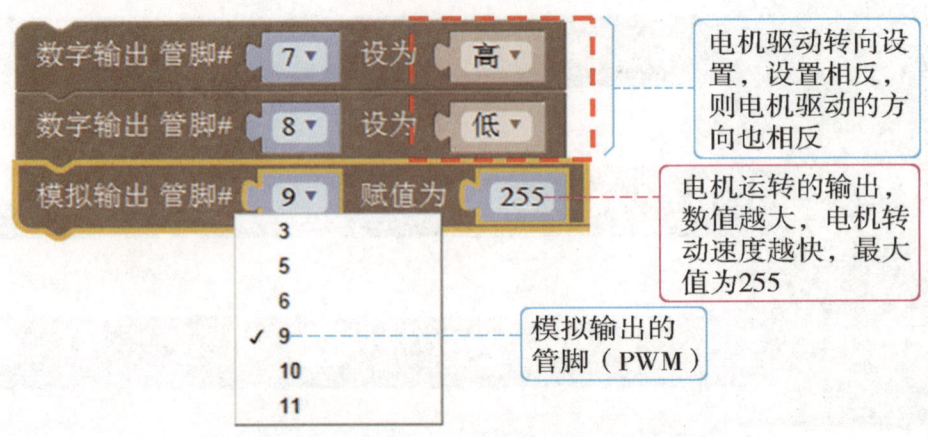

图6-26 直流减速电机驱动程序

电机完整驱动程序如图6-27所示。

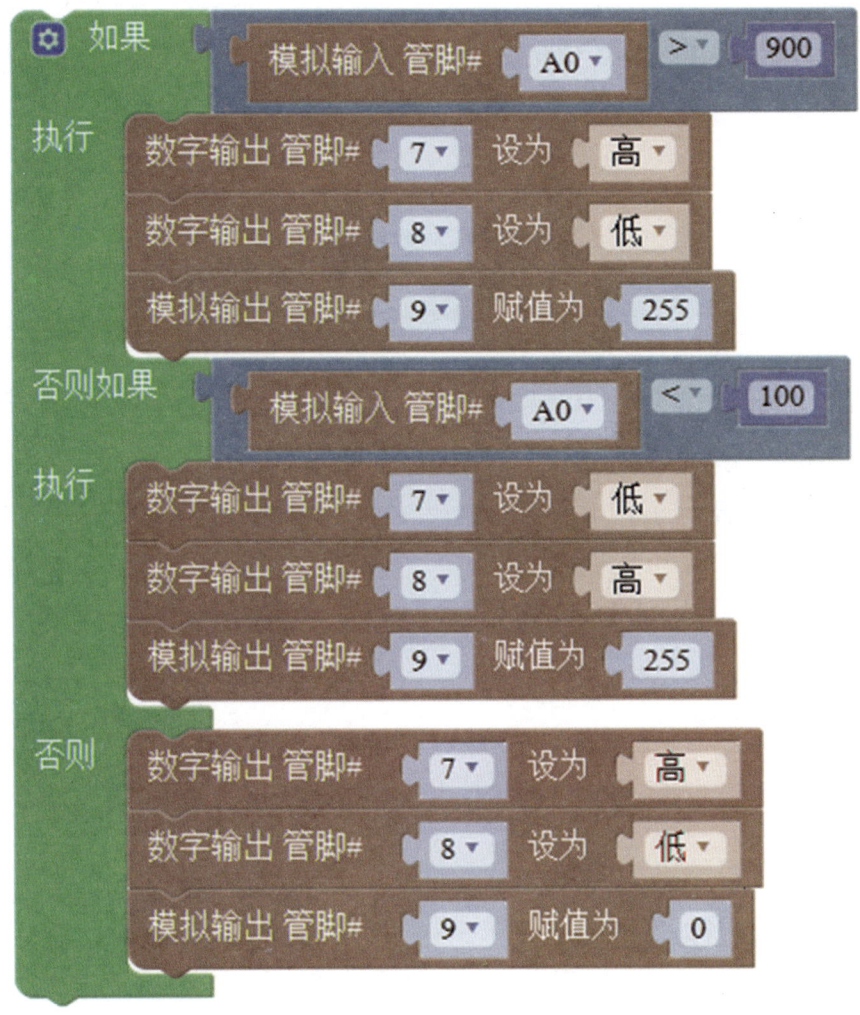

图6-27 皮影前后移动控制程序

上传程序，运行电控皮影，控制皮影，给大家上演一场精彩的皮影戏吧！

将作品进行总成和外观包装，建议使用生活中容易获取的节能环保材料。

项目实施

请各小组根据本组的项目选题及拟定的项目方案，结合本课所学知识，进一步完善该项目方案的各项学习活动，制作本组选定项目的作品，并填写表6-8。

表6-8　项目实施日志

流程	事项	工作日志
1	准备材料	
2	连接组件	
3	编写程序	
4	测试优化	
5	美化外观	
6	撰写报告	

成果交流

请各小组将所完成的项目学习成果在小组和班级中进行展示与交流，并在表6-9中对自己的成果作出评价。

表6-9 成果评价表

评价指标	指标说明	优（17~20分）	良（13~16分）	中（9~12分）	差（0~8分）
创新性	能有创意地解决所面对的问题，这个问题目前市面上未有妥善的解决方案，或对目前已有的解决方案进行了显著的改善和创新。				
实用性	方案严谨合理，技术上可行，符合成本效益，制作方法、流程高效灵活，所实现的功能契合所选主题的需求。				
技术水平	对难题的理解及方案的提出，具有与课题相关较高的知识水平。在方案实现的过程中，具备较高的软硬件知识水平，对已有的工艺或技术进行了改进，实现技术创新。				
艺术性	对作品的外形和色彩搭配有适当的审美考虑。材料及设计符合安全要求，作品易于被用户控制及使用。				
演示及回应	作品展示资料充足，简洁准确，语言流畅，组员间能互相配合。回答问题时，对问题理解准确，思路清晰，反应迅捷，逻辑严密。				
总分					

活动评价

请各小组根据本组的项目选题、拟定的项目方案、实施情况及所形成的成果，对自己的学习活动进行评价和总结，并填写表6-10和表6-11。

表6-10 项目学习自我评价表

编号	内容	掌握程度
1	我能通过分析合理规划项目	☆☆☆☆☆
2	我能与同组的同学合理分工完成任务	☆☆☆☆☆
3	我能运用合理的方法解决问题	☆☆☆☆☆
4	我能和小组其他成员合作制作完成作品	☆☆☆☆☆
5	我能将自己的作品与其他小组分享	☆☆☆☆☆
6	我能准确介绍自己作品的功能、特点	☆☆☆☆☆

表6-11　项目学习自我总结表

项目主题					
学生姓名		学号		日期	
小组成员					

自我总结

在该项目中我所完成的任务是_____

该项目所涉及的学习领域有_____

项目实施过程中我遇到的困难有_____

_____

我克服困难的方法是_____

_____

关于整体分工和合作情况，其他小组值得我们学习的是_____

_____

关于项目的选题、实施、成果和展示，其他小组值得我们借鉴的是___

_____

通过该项目学习，我的收获是_____

_____

通过该项目学习，我知道自己的优势在于_____

_____

我还需要继续努力的方面有_____

_____

如果再做一次该项目，我会做出的调整是_____

_____

第7课 互动玩具

玩具出现在我们生活中的每个角落，它常常被当作一种寓教于乐的工具。玩具不仅适合儿童，也适合青年和中老年人。它是打开智慧"天窗"的工具，让人们变得机智聪明。而互动玩具则能与玩玩具的人发生交流，是更高级的一种玩具类型。比如智能枪靶，如图7-1所示，当我们使用玩具枪瞄准靶心，扣动扳机发射红外光线，若射中靶的中心，枪靶会自动更换位置，既反映了我们是否射中又自动更换位置让我们继续游戏，真是有趣极了。又比如智能机器人，如图7-2所示，当我们对它说"前进"或"后退"时，它就会根据指令前进或后退；当我们说"发射"时，它就会射出导弹。这种互动让我们感觉多了一个小伙伴在陪伴。本节课将学习并创造这种特点的互动玩具，初步体验人工智能的魅力。

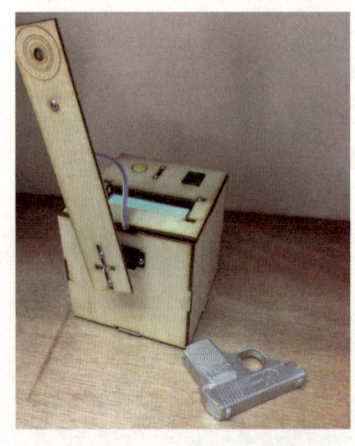

图7-1 智慧枪靶　　　　　图7-2 智能机器人

本节课通过开展"互动玩具"项目学习活动，根据自己的兴趣爱好，设计玩具功能及外形，把控制板与合适的传感器等模块组合，通过编写程序实现玩具的智能化，与伙伴合作创造出一款简单的互动玩具。

在项目进行的过程中，学会运用观察、比较、分析、综合、抽象、概括、判断、推理等思维方法，描述项目、设计方案、讨论交流、探究学习，共同完成项目作品的制作，并进行评价与分享，形成良好的学习和思维习惯。

 望远镜

阿尔法围棋

阿尔法围棋（AlphaGo）是一款人工智能围棋程序，由谷歌（Google）旗下DeepMind公司团队开发。其主要工作原理是"深度学习"。

图7-3　AlphaGo战胜柯洁

电子玩具设计与制作

2015年10月,AlphaGo击败樊麾,成为第一个无需让子即可在19路棋盘上击败围棋职业棋手的计算机围棋程序,写下了人工智能的历史。

2016年1月,DeepMind在知名期刊《自然》上发表了AlphaGo的研究论文。

2016年3月,通过自我对弈进行练习强化,AlphaGo在一场五番棋比赛中以4∶1击败尖端职业棋手李世石,成为第一个不借助让子而击败围棋职业九段棋手的计算机围棋程序。

2016年12月至2017年1月,AlphaGo 2.0以"Master"为账号名称,在未公开其真实身份的情况下,借非正式的网络快棋对战进行测试,挑战中韩日的一流高手。测试结束,AlphaGo 60战全胜。

2017年1月,谷歌DeepMind公司在德国慕尼黑DLD(数字、生活、设计)创新大会上宣布推出真正2.0版本的阿尔法围棋(AlphaGo)。其特点是摒弃了人类棋谱,只靠深度学习的方式成长起来挑战围棋的极限。

2017年5月,在中国浙江乌镇围棋峰会上,AlphaGo 2.0以3∶0的战绩战胜当时世界第一棋手柯洁。

AlphaGo在没有人类对手后,AlphaGo之父杰米斯·哈萨比斯宣布AlphaGo退役。而从业余棋手的水平到世界第一,AlphaGo的棋力获得这样的进步,时间仅仅花了两年左右。

项目目标

通过学习"剪刀石头布"项目，了解智能玩具设计的意图，外形设计的巧妙；能够设计相应的控制程序，掌握作品系统总成的方法。

项目范例

"剪刀石头布"是一款简单的猜拳游戏。参与游戏的人首先要预先决定使用剪刀、石头、布三种手势的哪一种，然后再同时出拳，看看谁胜。这个游戏至少需要两个人参加。当只有一个人时，是否也能体验这个游戏的乐趣呢？

如何设计一款能和你玩的剪刀石头布玩具，让你一个人的时候也能玩这个游戏呢？通过分析游戏规则，发现需要解决以下问题。

问题一：玩具如何出拳？

问题二：玩具如何判断人出的是什么手势呢？

问题三：如何判断玩具赢了还是人赢了呢？

方　案

1. 主题

剪刀石头布玩具。

2. 内容

通过开展"剪刀石头布"项目学习活动，了解智能玩具的设计思想，思考如何使玩具变得智能化，结合所学知识灵活运用传感器制作智能化玩具。

3. 规划

项目规划设计包括作品的功能、所用到的设备以及应用场景等方面，详细的规划如表7-1所示。

表7-1　"剪刀石头布"项目规划

能实现的功能	根据游戏者手势出拳
	判断游戏者出拳手势
应用场景	游戏
需要用到的核心设备	Arduino UNO控制板
	舵机
	红外数字避障传感器

为了更好地规划自己的作品，达到事半功倍的效果，我们可以根据以上的规划设计一个思维导图，以便整理思路，如图7-4所示。

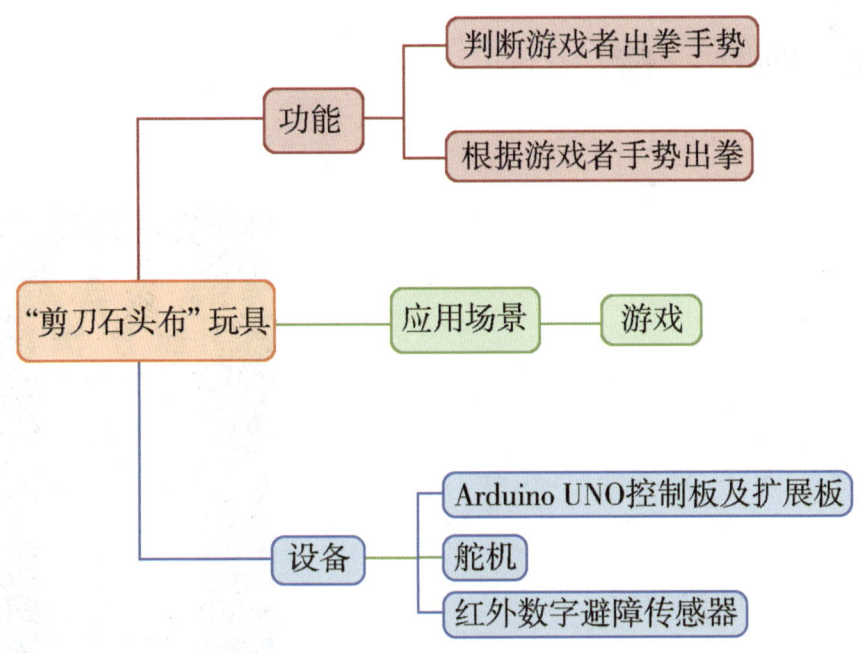

图7-4 "剪刀石头布"项目总体设计思维导图

4. 探究

根据问题的指引和项目学习规划的安排,"剪刀石头布"项目学习探究活动内容如表7-2所示。

表7-2 "剪刀石头布"项目学习探究活动内容

探究学习内容	探究学习活动	知识技能
舵机	查阅资料,观察、分析和操作	认识舵机,掌握舵机的使用方法
红外数字避障传感器	查阅资料,观察、分析和操作	认识红外数字避障传感器模块,了解其使用方法
"剪刀石头布"玩具主控程序设计	抽象、概括和推理	能够设计相应的控制程序
"剪刀石头布"玩具系统总成的方法和步骤	操作,概括	掌握作品系统总成的方法

成果

1. 展示

展示在项目范例探究过程中逐步形成的项目成果——"剪刀石头布"玩具,如图7-5所示。

2. 交流

围绕"剪刀石头布"玩具,分别在小组和班级中开展交流,进一步探讨智能玩具可以实现的功能。

3. 评价

根据表7-2"剪刀石头布"项目学习探究活动内容,对项目范例学习过程和成果作品进行自评和互评。

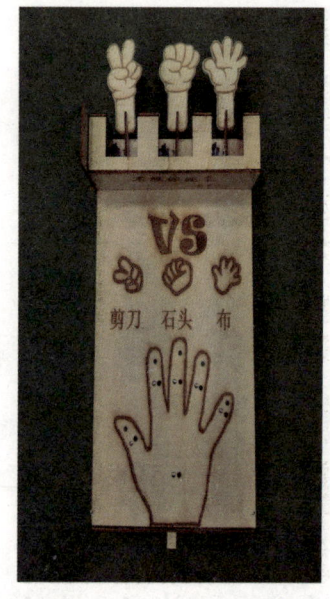

图7-5 "剪刀石头布"玩具

项目选题

请以2人为一组,从下列参考主题中选择一项进行项目探究学习。

参考主题:

主题一:乒乓球对打练习机。

主题二:看谁反应快。

自定主题:_____

项目规划

参照项目范例的样式，制订本小组项目方案。请将小组的规划方案填写到表7-3中。

表7-3　项目规划方案

1. 项目主题	
2. 要解决的核心问题	
3. 作品要实现的功能	
4. 应用场景	
5. 需要用到的核心设备	
6. 需要学习的知识或技能	
7. 开展项目学习的方法	
8. 进度安排表	
9. 学习资源获取途径及获得指导的途径	
10. 可能会遇到的困难	
11. 预期成果	

试着画一下自己的项目设计思维导图吧!

方案交流

各小组将完成的方案在班级中进行展示交流,师生根据交流情况,跟随下列问题的引导,共同完善本组的研究方案。

我们方案的优点是_____
_____

我们的方案需要补充的地方有_____
_____

我认为还有更好的方案,我们可以(怎么做)_____
_____

探究活动

❶ "剪刀石头布"玩具的设计

"剪刀石头布"玩具的设计需要解决两个问题：玩具如何出拳？如何判断人出拳的手势？

当我们遇到问题需要解决的时候，常常会观察生活中的一些现象，运用类比思维寻找同类问题的解决办法。例如，左右摇摆、上下移动都可以实现出拳的目的。左右摇摆可以使用舵机来实现，上下移动可以使用步进电机加履带来实现，对比两种方法，直接用舵机会更容易实现，如图7-6所示。至于如何判断出拳的手势，我

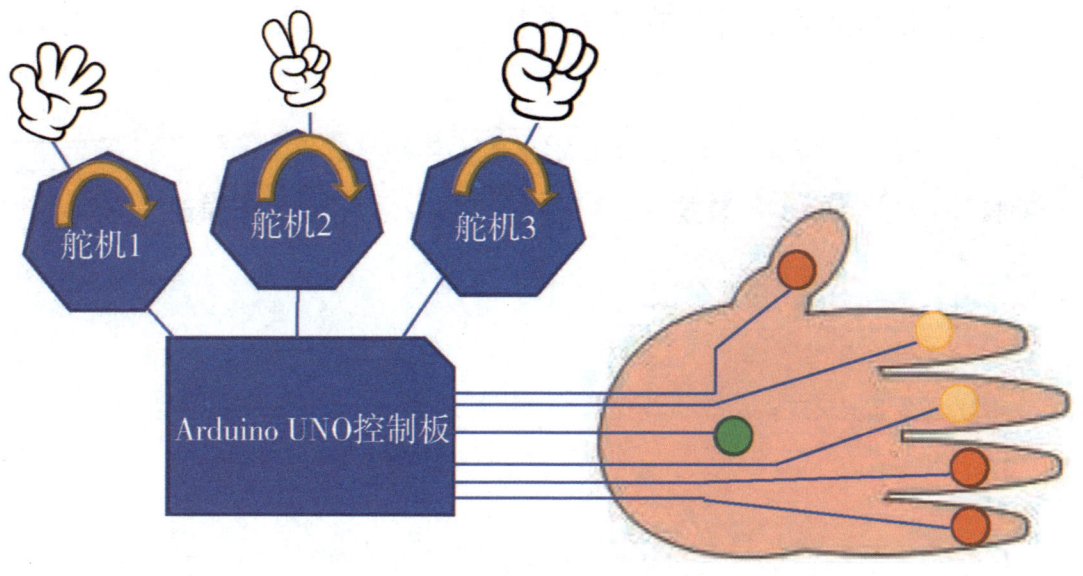

图7-6　"剪刀石头布"玩具结构

们可以使用红外数字避障传感器或者人体红外热释传感器来探测人的动作，红外数字避障传感器可以检测较短距离的人体，而人体红外热释传感器对人体的感应比较灵敏，我们需要探测的是手指的数量，所以选择红外数字避障传感器更适合。探测的对象是手指，根据探测手指的数量进行判断出拳的种类，没有侦测到手指的为"拳头"，侦测到两根手指的是"剪刀"，五根手指的是"布"，如表7-4所示。

表7-4 "剪刀石头布"玩具设计思路

感应情况	判断人出的拳	玩具做出的反应
●	石头	舵机3转动
●○○	剪刀	舵机2转动
●○○○○	布	舵机1转动

请观察日常生活中的一些现象，找出与"剪刀石头布"玩具设计思路类似的装置，并填在表7-5中。

表7-5 日常生活中的人体感应装置

编号	装置	工作原理
1		
2		
3		
4		

2 硬件与电子元件的选择

按照❶中提出的"剪刀石头布"玩具的设计思路，需要准备的主要材料如表7-6所示。

表7-6 制作"剪刀石头布"玩具所需硬件及材料清单

编号	名称	数量	备注
1	Arduino UNO控制板	1块	控制设备
2	Arduino UNO扩展板	1块	扩展管脚数
3	舵机	3个	驱动手势（出拳）
4	红外数字避障传感器	6个	探测手指
5	杜邦线	若干	连接硬件
6	USB数据线	1条	传输数据
7	6 V 电源组	1个	供电
8	鞋盒	1个	制作外形
9	卡纸	1张	制作剪刀、石头、布造型
10	一次性筷子	2双	连接剪刀、石头、布造型的支柱
11	黏合剂、胶布	若干	黏合作品

红外避障模块

红外避障模块具有一对红外线发射与接收管如图7-7所示,发射管发射出一定频率的红外线,当红外线遇到障碍物(反射面)时,会反射回来被接收管接收。经过比较器电路处理之后,绿色指示灯会亮起,同时信号输出接口输出数字信号。通过电位器旋钮调节检测距离,有效侦测距离范围为2~80厘米,工作电压为3.3~5伏特。红外避障模块还广泛应用于避障机器人、避障小车、流水线计数及黑白线循迹等众多智能设备中。

舵机的使用参考本书第4课《昆虫世界》。

图7-7　红外避障模块

观察

请观察日常生活中的一些现象,发现红外数字避障传感器和舵机的应用实例,并填在表7-7中。

表7-7　电子模块的应用实例

编号	红外数字避障传感器	舵机
1		
2		
3		
4		

③ 动手做项目：硬件连接

在做好硬件准备之后，我们便可以进行硬件连接。硬件连接的方法如图7-8所示。

三个舵机分别接在三个数字管脚上，并记录好每个舵机对应的管脚号及代表的出拳手势。

六个红外避障感应模块分别接在六个数字管脚上，记录好每个感应模块对应的管脚号及其代表的手指。

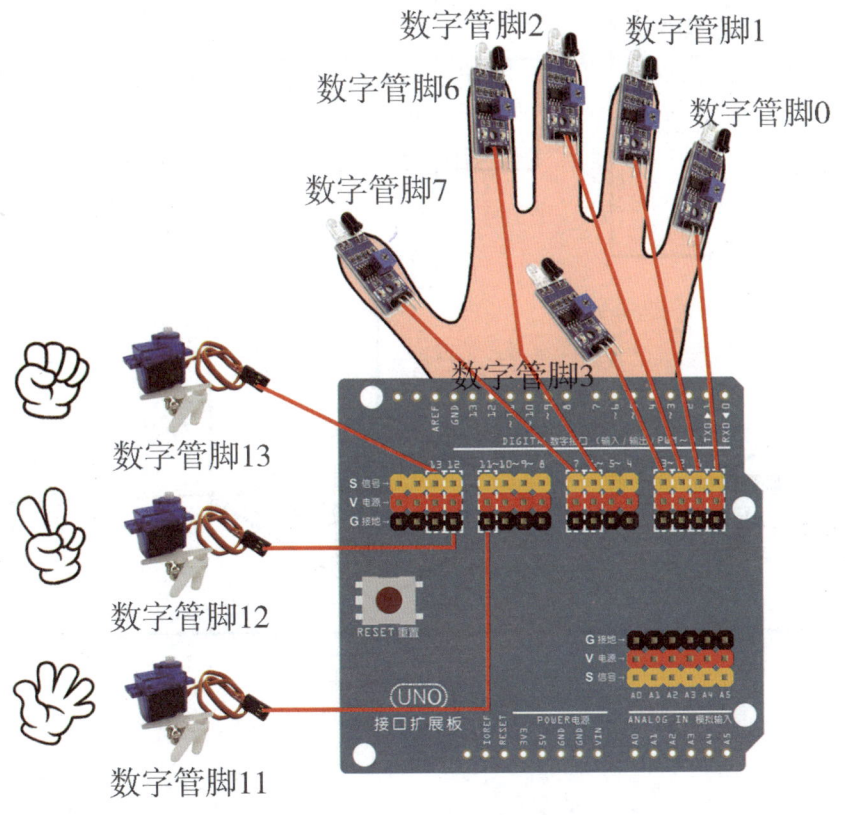

图7-8　硬件连接示意图

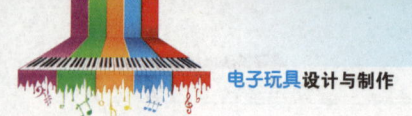

❹ 动手做项目：编写程序

根据❶所描述的设计思路，结合“剪刀石头布”的游戏规则，玩具的主控程序设计如图7-9所示。

流程图

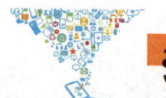

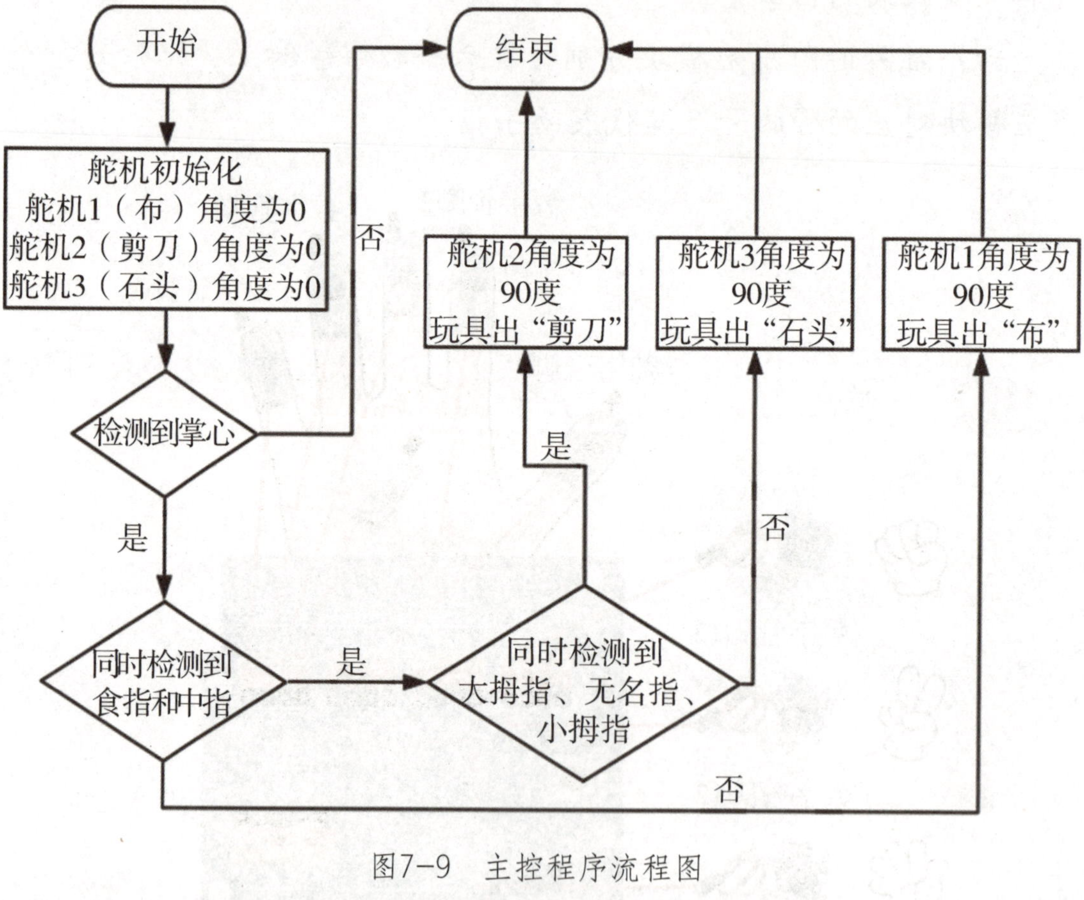

图7-9　主控程序流程图

程　　序

程序开始时，需要对系统初始化，如图7-10所示。

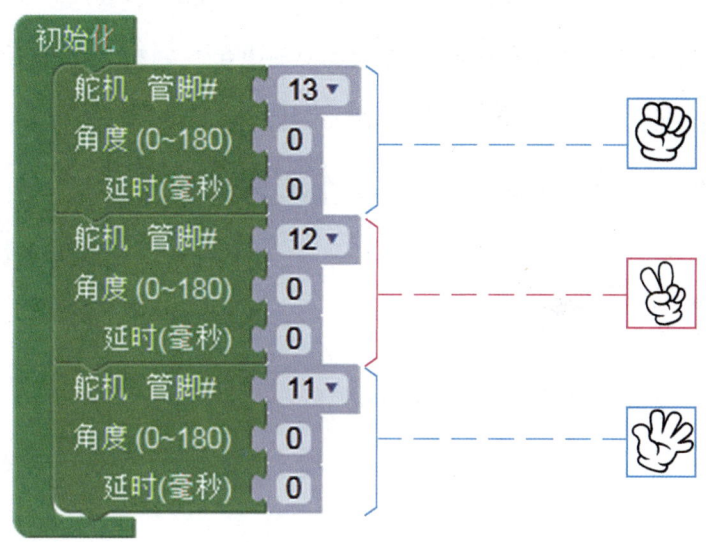

图7-10　初始化程序

主程序如图7-11所示。

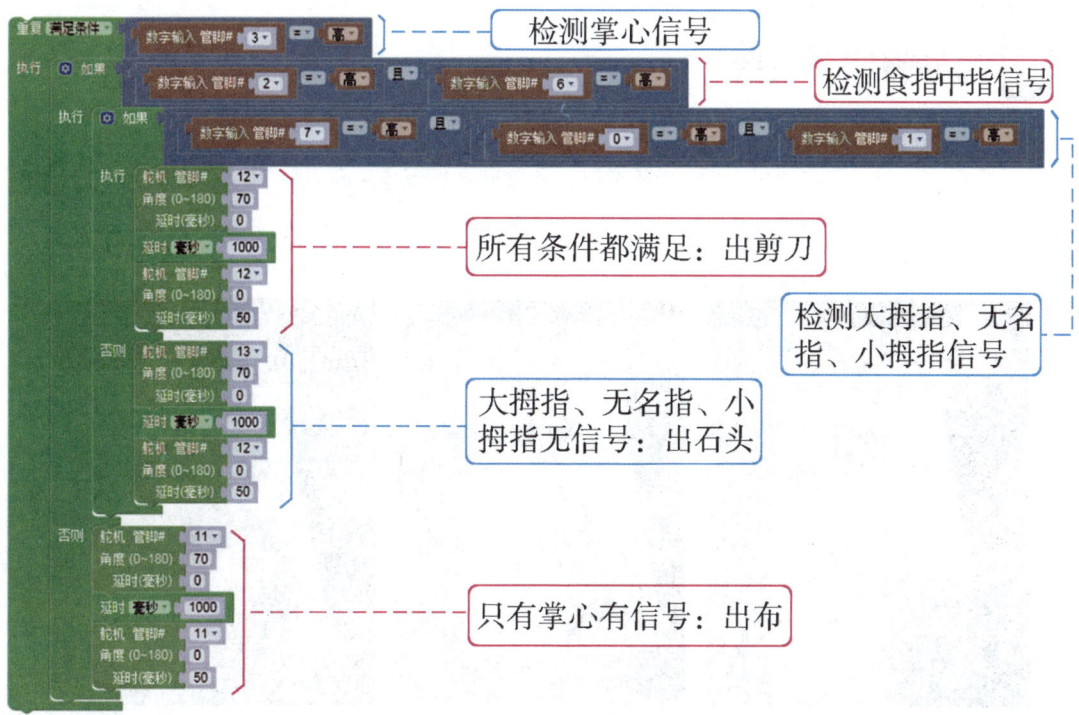

图7-11　主程序

147

思考一：程序的编写有许多方法。想一想，关于"剪刀石头布"游戏的判断，还有更简单的程序编写思路吗？与组员探讨一下。

思考二：以上的程序设计会设计出一款怎样的玩具，好玩吗？还可以有其他玩法吗？程序上怎么才能实现呢？

硬件连接以及程序都编写好以后，就要给它设计一个外观，把控制板等硬件设备包装起来，让它变得更美观。作品效果草图如图7-12所示。

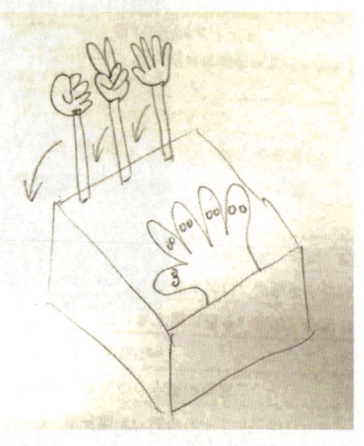

图7-12　外观设计草图

测　试

分别出示"剪刀""石头""布"与机器猜拳，如图7-13所示，发现每次机器都能赢。尝试修改程序，使自己每次都能赢吧！

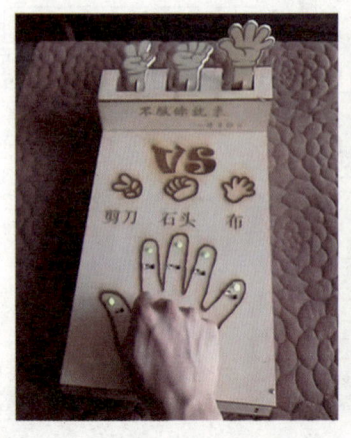 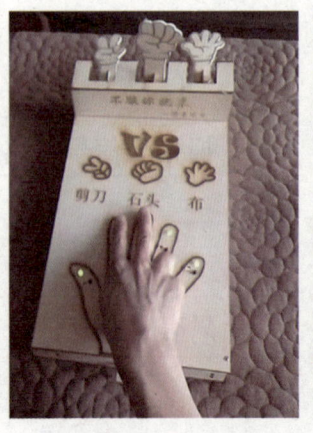 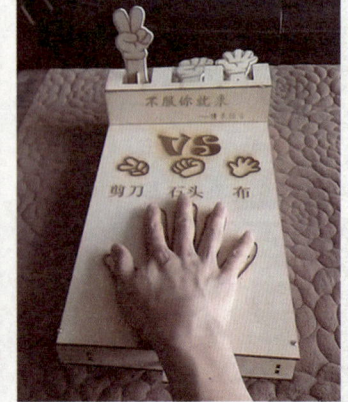

图7-13　测试状况

项目实施

请各小组根据本组的项目选题及拟定的项目方案，结合本课所学知识，进一步完善对该项目方案中各项学习活动，制作本组选定项目中作品，并填写表7-8。

表7-8　项目实施日志

流程	事项	工作日志
1	准备材料	
2	连接组件	
3	编写程序	
4	测试优化	
5	美化外观	
6	撰写报告	

成果交流

请各小组将所完成的项目学习成果在小组和班级中进行展示与交流，并在表7-9中对自己的成果作出评价。

表7-9 成果评价表

评价指标	指标说明	优（17~20分）	良（13~16分）	中（9~12分）	差（0~8分）
创新性	能有创意地解决所面对的问题，这个问题目前市面上未有妥善的解决方案，或对目前已有的解决方案进行了显著的改善和创新。				
实用性	方案严谨合理，技术上可行，符合成本效益，制作方法、流程高效灵活，所实现的功能契合所选主题的需求。				
技术水平	对难题的理解及方案的提出，具有与课题相关较高的知识水平。在方案实现的过程中，具备较高的软硬件知识水平，对已有的工艺或技术进行了改进，实现技术创新。				
艺术性	对作品的外形和色彩搭配有适当的审美考虑。材料及设计符合安全要求，作品易于被用户控制及使用。				
演示及回应	作品展示资料充足，简洁准确，语言流畅，组员间能互相配合。回答问题时，对问题理解准确，思路清晰，反应迅捷，逻辑严密。				
总分					

活动评价

请各小组根据本组的项目选题、拟定的项目方案、实施情况及所形成的成果，对自己的学习活动进行评价和总结，并填写表7-10和表7-11。

表7-10　项目学习自我评价表

编号	内容	掌握程度
1	我能通过分析合理规划项目	☆☆☆☆☆
2	我能与同组的同学合理分工完成任务	☆☆☆☆☆
3	我能运用合理的方法解决问题	☆☆☆☆☆
4	我能和小组其他成员合作制作完成作品	☆☆☆☆☆
5	我能将自己的作品与其他小组分享	☆☆☆☆☆
6	我能准确介绍自己作品的功能、特点	☆☆☆☆☆

表7-11　项目学习自我总结表

项目主题				
学生姓名		学号	日期	
小组成员				
自我总结				

在该项目中我所完成的任务是＿＿＿＿＿＿＿＿＿＿＿＿＿＿＿＿＿＿＿＿

该项目所涉及的学习领域有＿＿＿＿＿＿＿＿＿＿＿＿＿＿＿＿＿＿＿＿

项目实施过程中我遇到的困难有＿＿＿＿＿＿＿＿＿＿＿＿＿＿＿＿＿＿
＿＿＿＿＿＿＿＿＿＿＿＿＿＿＿＿＿＿＿＿＿＿＿＿＿＿＿＿＿＿＿＿

我克服困难的方法是＿＿＿＿＿＿＿＿＿＿＿＿＿＿＿＿＿＿＿＿＿＿＿
＿＿＿＿＿＿＿＿＿＿＿＿＿＿＿＿＿＿＿＿＿＿＿＿＿＿＿＿＿＿＿＿

关于整体分工和合作情况，其他小组值得我们学习的是＿＿＿＿＿＿＿
＿＿＿＿＿＿＿＿＿＿＿＿＿＿＿＿＿＿＿＿＿＿＿＿＿＿＿＿＿＿＿＿

关于项目的选题、实施、成果和展示，其他小组值得我们借鉴的是＿＿
＿＿＿＿＿＿＿＿＿＿＿＿＿＿＿＿＿＿＿＿＿＿＿＿＿＿＿＿＿＿＿＿

通过该项目学习，我的收获是＿＿＿＿＿＿＿＿＿＿＿＿＿＿＿＿＿＿＿
＿＿＿＿＿＿＿＿＿＿＿＿＿＿＿＿＿＿＿＿＿＿＿＿＿＿＿＿＿＿＿＿

通过该项目学习，我知道自己的优势在于＿＿＿＿＿＿＿＿＿＿＿＿＿＿
＿＿＿＿＿＿＿＿＿＿＿＿＿＿＿＿＿＿＿＿＿＿＿＿＿＿＿＿＿＿＿＿

我还需要继续努力的方面有＿＿＿＿＿＿＿＿＿＿＿＿＿＿＿＿＿＿＿＿
＿＿＿＿＿＿＿＿＿＿＿＿＿＿＿＿＿＿＿＿＿＿＿＿＿＿＿＿＿＿＿＿

如果再做一次该项目，我会做出的调整是＿＿＿＿＿＿＿＿＿＿＿＿＿＿
＿＿＿＿＿＿＿＿＿＿＿＿＿＿＿＿＿＿＿＿＿＿＿＿＿＿＿＿＿＿＿＿

第8课　智能互动模型

随着科技发展，身边越来越多的智能化应用融入我们的学习和生活中，给我们带来了更多的便捷和舒适。经过前面课程的学习，我们已经具备使用Arduino UNO控制板制作简易智能互动装置的能力，再结合日常的观察和体验，就能制作出属于自己的智能互动模型。智能互动模型具有感知能力，能够感知外部环境获取外部

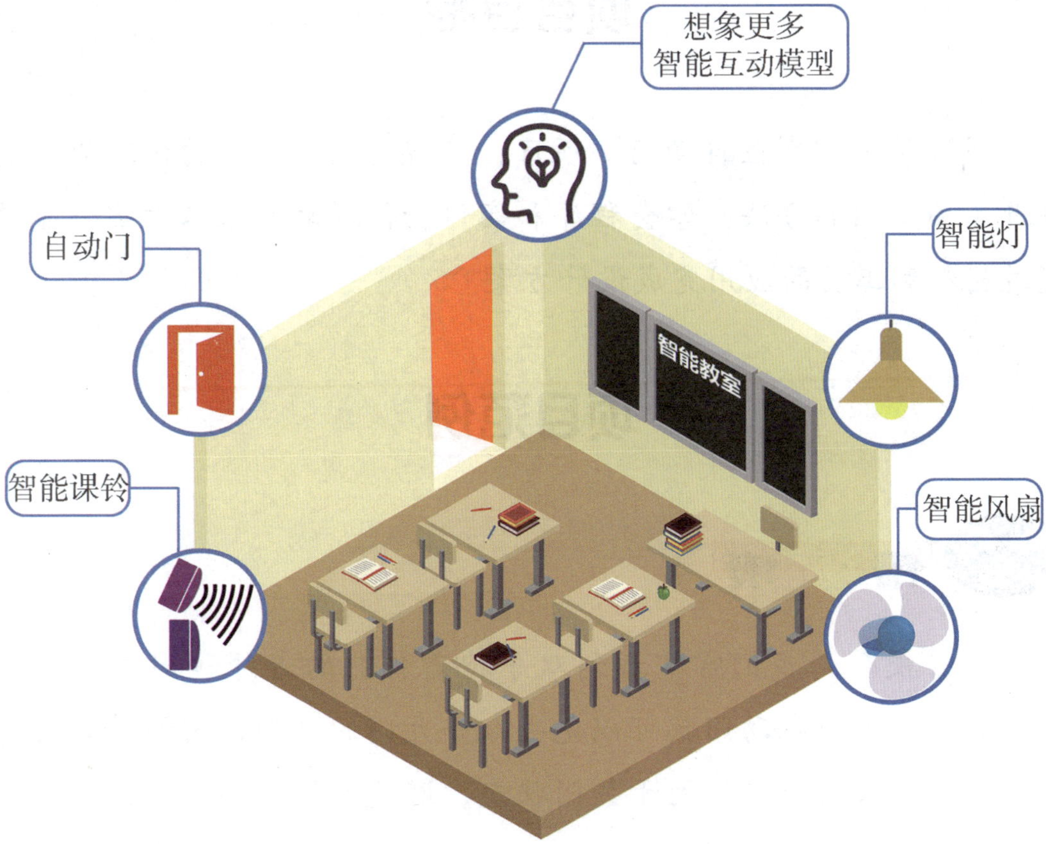

图8-1　智能教室

信息，然后通过内在记忆和思维功能分析、计算、比较、判断、联想、决策，最后作出具体的行动反应。

本节课通过开展"智能互动模型"项目学习活动，了解智能互动装置的概念和基本配备，体验运用开源电子设备控制灯光、蜂鸣器、舵机等多个元器件，提出一个智能互动模型的设计方案，然后多组协作整合出一套智能互动模型。

在实际项目进行的过程中，学会运用观察、比较、分析、综合、抽象、概括、判断、推理等思维方法，描述项目、设计方案、讨论交流、探究学习，从而完成项目作品的制作，并进行评价与分享，形成良好的学习和思维习惯，培养自己发现问题、提出问题和解决问题的能力。

项目目标

通过学习"感应自动门"项目，了解通过传感器的协助使用舵机开（关）门的方法，学会程序和实体物件联动的基本步骤，能够通过材料和工具的应用完成设计方案。

项目范例

在学校时，我们常常看到双手抱着作业的老师和同学出入教室，若是有感应自动门就可以免去人手开门的麻烦，而放学后没有同学在的时候则能自动处于关门状态，避免风的刮动造成门的损坏和吹乱教室布置。

感应自动门在日常生活中也能看到，有了它，进出门口非常的便利。门的开关有特定角度，舵机的转动也可以做到特定角度，但怎样才可以把舵机和门联系在一起？通过观察、分析和上网搜索资料，发现需要解决以下问题。

问题一：适合检测人体移动的传感器有哪些？

问题二：舵机安装在门框的哪个位置？

问题三：合适的推杆应如何设计？

1. 主题

感应自动门。

2. 内容

通过开展"感应自动门"项目学习活动，学会综合应用传感器、舵机、材料和工具。

3. 规划

项目的规划设计包括作品的功能、所用到的设备以及应用场景等方面，详细的规划如表8-1所示。

表8-1 "感应自动门"项目规划

自动感应门实现的功能	有人时开门
	人走后关门
应用场景	课室、图书馆、自习室

（续表）

需要用到的核心设备	Arduino UNO控制板与扩展板
	人体红外热释传感器
	舵机

为了更好地规划自己的作品，达到事半功倍的效果，我们可以根据以上的规划设计一个思维导图，以便整理思路，如图8-2所示。

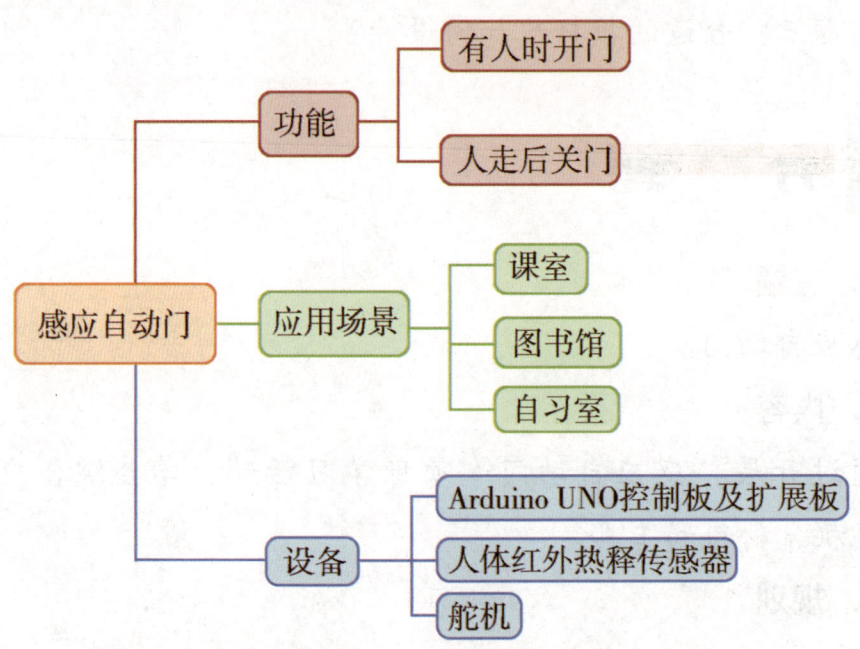

图8-2 "感应自动门"项目总体设计思维导图

4.探究

根据问题的指引和项目学习规划的安排，"感应自动门"项目学习探究活动内容如表8-2所示。

表8-2 "感应自动门"项目学习探究活动

探究学习内容	探究学习活动	知识技能
人体红外热释传感器	查阅资料，观察、分析和操作	掌握人体红外热释传感器的使用方法
舵机	查阅资料，观察、分析和操作	掌握舵机的使用方法 研究舵机与门的物理驱动方法
"感应自动门"的主控程序设计	抽象、概括和推理	能够设计相应的控制程序
"感应自动门"系统总成的方法和步骤	操作，概括	掌握作品系统总成的方法

 成 果

1.展示

展示在项目范例探究过程中逐步形成的项目成果——"感应自动门"模型，如图8-3所示。

图8-3 感应自动门

2. 交流

围绕"感应自动门"模型,分别在小组和班级中开展交流,进一步探讨感应自动门的社会应用。

3. 评价

根据表8-2"感应自动门"项目学习探究活动内容,对项目范例学习过程和成果作品进行自评和互评。

项目选题

请以2人为一组进行项目探究学习。主题可参考表8-3,然后多组综合其作品,构建智能教室、智能家居和智能停车场等互动模型。

表8-3 智能互动模型参考主题

编号	功能	输入模块	输出模块
1	自动门	人体红外热释传感器	舵机
2	智能灯	光线传感器	LED灯
3	智能风扇	温度传感器	电机驱动板、直流电机
4	智能垃圾桶	超声波传感器	舵机
5	噪声检测仪	声音传感器	蜂鸣器
6	停车场起落杆	红外数字避障传感器	舵机
7	防坠落窗	超声波传感器	舵机
8			
9			
10			

项目规划

参照项目范例的样式，制订本小组项目方案。请将小组的规划方案填写到表8-4中。

表8-4　项目规划方案

1. 项目主题	
2. 要解决的核心问题	
3. 我设计的智能互动模型可实现的功能	□感应人体　　□自动运作 □其他：_____
4. 应用场景	□课室　　□停车场 □其他：_____
5. 需要用到的核心设备	
6. 需要学习的知识或技能	
7. 开展项目学习的方法	
8. 进度安排表	
9. 学习资源获取途径及获得指导的途径	
10. 可能会遇到的困难	
11. 预期成果	

电子玩具设计与制作

试着画一下自己的项目设计思维导图吧！

方案交流

各小组将完成的方案在班级中进行展示交流，师生根据交流情况，跟随下列问题的引导，共同完善本组的研究方案。

我们方案的优点是＿＿

我们的方案需要补充的地方有＿＿＿＿＿＿＿＿＿＿＿＿＿＿＿＿＿＿＿＿＿＿＿＿＿＿＿＿＿＿＿＿＿＿＿＿＿＿

我认为还有更好的方案，我们可以（怎么做）＿＿

探究活动

1 感应自动门的设计

感应自动门是一种能够探测人体或移动物体的自动装置,当有人经过时开门,无人时关门。感应自动门的设计关键在于采用哪种传感器识别,然后再通过舵机控制门的开关。

感应自动门首先要感知人体或障碍物,能够做到相应功能的传感器有三款,人体红外热释传感器、红外感应开关、超声波传感器。因为门是因人而开的,这里我们最好采用人体红外热释传感器,假如选用红外感应开关或是超声波传感器,则读取的信号不同,要进行不同的参数处理和调试,我们可以根据实际需求进行选择。

探测到人体或障碍物时,信号传送给Arduino UNO控制板,控制板再发送信号给舵机令其转动,感应自动门的设计思路如图8-4所示。

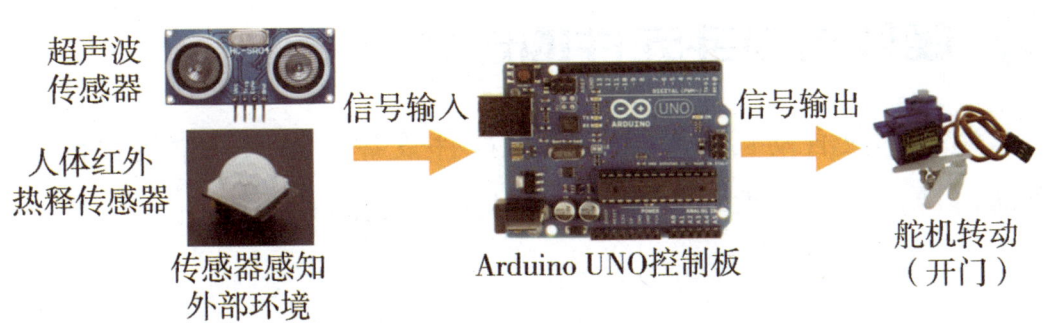

图8-4 感应自动门设计思路

请观察日常生活中的一些现象，找出与感应自动门设计思路类似的装置，并填在表8-5中。

表8-5 日常生活中的感应自动装置

编号	装置	装置工作的原理
1		
2		
3		
4		

❷ 硬件与电子元件的选择

制作感应自动门需要准备一些硬件设备，按照❶中提出的感应自动门设计思路，需要准备的主要材料如表8-6所示。

表8-6 制作感应自动门所需硬件及材料清单

编号	名称	数量	备注
1	Arduino UNO控制板	1块	控制设备
2	舵机	1个	驱动门
3	人体红外热释传感器	1块	探测人体
4	6 V 电源组	1个	供电
5	USB数据线	1条	传输数据
6	杜邦线	若干	连接硬件
7	小纸盒	1个	制作外形
8	回形针	若干	制作舵机与门的连杆
9	黏合剂、胶布、剪刀、尖嘴钳	若干	黏合作品

请观察日常生活中的一些现象，找出人体红外热释传感器和舵机的应用实例，并填在表8-7中。

表8-7 电子模块的应用实例

编号	人体红外热释传感器	舵机
1		
2		
3		
4		

❸ 动手做项目：硬件连接

在做好硬件准备之后，便可以进行硬件连接。将人体红外热释传感器与Arduino UNO扩展板的4号数字管脚连接，将舵机与扩展板的5号数字管脚连接，硬件连接如图8-5所示。

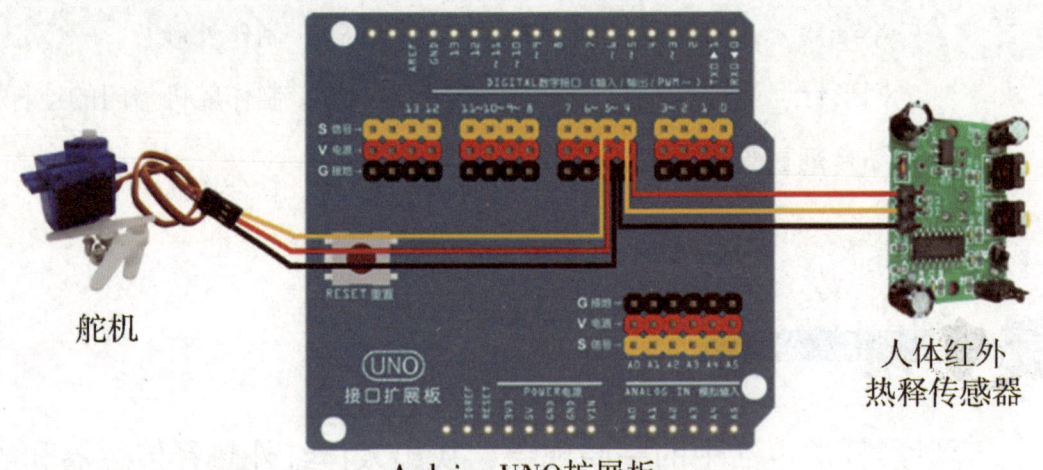

图8-5　硬件与Arduino UNO扩展板的连接

❹ 动手做项目：编写程序

根据❶中描述的设计思路编写程序，让舵机转动起来吧！

传感器检测到人体后舵机便转动起来，舵机的控制程序如图8-6所示。

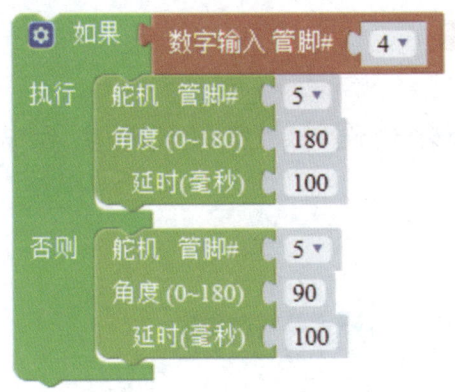

图8-6 舵机控制程序

测试在检测到人时,舵机带动门打开,人离开后感应自动门关上。根据实际情况用回形针制作舵机与门的连杆,使舵机的转动能控制门的开关。舵机与门的连接结构如图8-7所示。

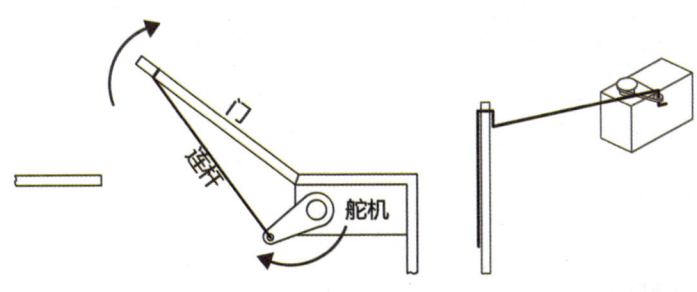

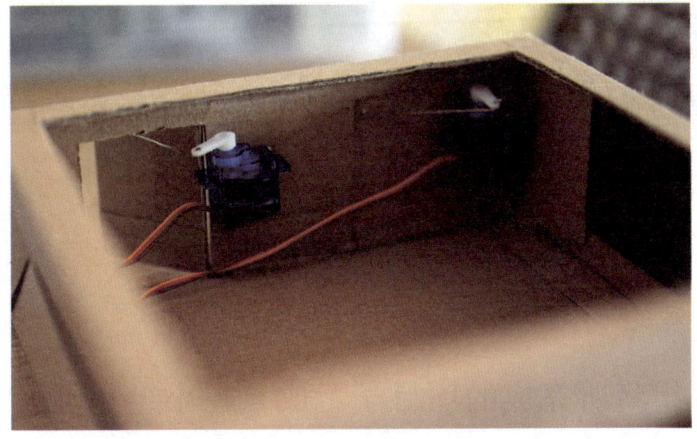

图8-7 舵机与门的连接结构

165

美化

对作品进行总成和外观设计，建议使用生活中容易获取的节能环保材料进行制作。

项目实施

请各小组根据本组的项目选题及拟定的项目方案，结合本课所学知识，进一步完善该项目方案的各项学习活动，制作本组选定项目的作品，并填写表8-8。

表8-8 项目实施日志

流程	事项	工作日志
1	准备材料	
2	连接组件	
3	编写程序	
4	测试优化	
5	美化外观	
6	撰写报告	

成果交流

请各小组将所完成的项目学习成果在小组和班级中进行展示与交流，并在表8-9中对自己的成果作出评价。

表8-9 成果评价表

评价指标	指标说明	优（17~20分）	良（13~16分）	中（9~12分）	差（0~8分）
创新性	能有创意地解决所面对的问题，这个问题目前市面上未有妥善的解决方案，或对目前已有的解决方案进行了显著的改善和创新。				
实用性	方案严谨合理，技术上可行，符合成本效益，制作方法、流程高效灵活，所实现的功能契合所选主题的需求。				
技术水平	对难题的理解及方案的提出，具有与课题相关较高的知识水平。在方案实现的过程中，具备较高的软硬件知识水平，对已有的工艺或技术进行了改进，实现技术创新。				
艺术性	对作品的外形和色彩搭配有适当的审美考虑。材料及设计符合安全要求，作品易于被用户控制及使用。				
演示及回应	作品展示资料充足，简洁准确，语言流畅，组员间能互相配合。回答问题时，对问题理解准确，思路清晰，反应迅捷，逻辑严密。				
总分					

活动评价

请各小组根据本组的项目选题、拟定的项目方案、实施情况及所形成的成果,对自己的学习活动进行评价和总结,并填写表8-10和表8-11。

表8-10 项目学习自我评价表

编号	内容	掌握程度
1	我能通过分析合理规划项目	☆☆☆☆☆
2	我能与同组的同学合理分工完成任务	☆☆☆☆☆
3	我能运用合理的方法解决问题	☆☆☆☆☆
4	我能和小组其他成员合作制作完成作品	☆☆☆☆☆
5	我能将自己的作品与其他小组分享	☆☆☆☆☆
6	我能准确介绍自己作品的功能、特点	☆☆☆☆☆

表8-11　项目学习自我总结表

项目主题					
学生姓名		学号		日期	
小组成员					

自我总结
在该项目中我所完成的任务是＿＿＿＿＿＿＿＿＿＿＿＿＿＿＿＿＿＿＿＿＿
该项目所涉及的学习领域有＿＿＿＿＿＿＿＿＿＿＿＿＿＿＿＿＿＿＿＿＿
项目实施过程中我遇到的困难有＿＿＿＿＿＿＿＿＿＿＿＿＿＿＿＿＿＿＿ ＿＿＿＿＿＿＿＿＿＿＿＿＿＿＿＿＿＿＿＿＿＿＿＿＿＿＿＿＿＿＿＿＿
我克服困难的方法是＿＿＿＿＿＿＿＿＿＿＿＿＿＿＿＿＿＿＿＿＿＿＿＿ ＿＿＿＿＿＿＿＿＿＿＿＿＿＿＿＿＿＿＿＿＿＿＿＿＿＿＿＿＿＿＿＿＿
关于整体分工和合作情况，其他小组值得我们学习的是＿＿＿＿＿＿＿＿ ＿＿＿＿＿＿＿＿＿＿＿＿＿＿＿＿＿＿＿＿＿＿＿＿＿＿＿＿＿＿＿＿＿
关于项目的选题、实施、成果和展示，其他小组值得我们借鉴的是＿＿ ＿＿＿＿＿＿＿＿＿＿＿＿＿＿＿＿＿＿＿＿＿＿＿＿＿＿＿＿＿＿＿＿＿
通过该项目学习，我的收获是＿＿＿＿＿＿＿＿＿＿＿＿＿＿＿＿＿＿＿＿ ＿＿＿＿＿＿＿＿＿＿＿＿＿＿＿＿＿＿＿＿＿＿＿＿＿＿＿＿＿＿＿＿＿
通过该项目学习，我知道自己的优势在于＿＿＿＿＿＿＿＿＿＿＿＿＿＿ ＿＿＿＿＿＿＿＿＿＿＿＿＿＿＿＿＿＿＿＿＿＿＿＿＿＿＿＿＿＿＿＿＿
我还需要继续努力的方面有＿＿＿＿＿＿＿＿＿＿＿＿＿＿＿＿＿＿＿＿＿ ＿＿＿＿＿＿＿＿＿＿＿＿＿＿＿＿＿＿＿＿＿＿＿＿＿＿＿＿＿＿＿＿＿
如果再做一次该项目，我会做出的调整是＿＿＿＿＿＿＿＿＿＿＿＿＿＿ ＿＿＿＿＿＿＿＿＿＿＿＿＿＿＿＿＿＿＿＿＿＿＿＿＿＿＿＿＿＿＿＿＿